DAKEXUEJIA JIANG DE XIAOGUSHI
SHENQI DE FUHAO

苏步青◎著

神奇的符号

大科学家
讲 的
小故事

DAKEXUEJIA JIANG DE XIAOGUSHI

U0221494

湖南少年儿童出版社

写在前面的话

湖南少年儿童出版社约我为年轻朋友写一点故事。我心想，青少年是祖国的未来，我今年已95岁了，能说点亲身经历和感受，对他们今后的健康成长也许会有帮助，于是便同意了。但是自己从事基础数学教育和研究，相对于生物学家、地质学家，要写出生动有趣、能吸引小读者的故事，难度是相当大的。因此，我选择另一种思路，以我跨越9个虎年的经历，更多地从如何做人、如何为人民服务的角度来撰述，不知能否达到预期的效果。

很多人一提起科学家的辉煌成就，便以为他们小时候一定是神童，但我是不相信的。无数事实表明，那些很有名气、贡献卓著的科学家，他们取得成就并不是有什么

天才，而是主要靠从小勤奋学习和艰苦实践。我读小学时，爱耍贪玩，在班里32人中，考试勉强及格，成绩倒数第一名。后来，在老师的耐心教育下，我才认识到自己的缺点，从此认真学习，从倒数第一名变为全班第一名，以后在整个求学期间一直保持第一名。可见，一时学不好，总有原因，只要正视现实，积极找出原因，并努力去克服困难，就能使自己不断进步。这是我的第一点感想。

第二点感想是，在获得成功时，应戒骄戒躁。科学是老老实实的学问，科学具有认识的真理性、实践性和无限性的特征。所以，不论做什么事，都必须老实、谦虚，来不得半点虚假和骄傲。在学习外语方面，由于留学日本，我熟练地掌握了日语；又学了英语，也达到应用自如的程度。但我并不满足，为了使自己的科研成果能发表到世界上许多国家，我不断地学习意大利语、法语和德语，以至于我出国访问，既是团长，又是秘书和翻译。为了研究需要，我在50多岁时，又学了俄语。我常记着牛顿临终时的一句话："我自己只觉得好像是在海滨拾贝壳的一个孩子，真理的大海我还没有发现。"牛顿在年轻时代，就对数学、物理学做出了划时代的贡献，数学的微积分是由他完成的，牛顿三大定律现在还在用。但他从不骄傲，从不停止学习。牛顿都这么谦虚，我们取得一些成绩，有什么理由骄傲呢？

第三点感想是，在遇到挫折时，要坚定信念。在我的人生征途中，我经历过无数风雨考验：出国留学获博士学位后，要不要回国执教？抗日战争爆发，去不去日本应聘？新中国成立前夕，随不随国民党去台湾？"文化大革命"中遭到不公正的待遇，是不是丧失信心？马克思说，在科学上没有平坦的大道，只有不畏劳苦沿着陡峭山路攀登的人，才有希望达到光辉的顶点。在科学研究中，我以马克思的教导为指南，坚定不移地去攻克一个个难关。回顾一生，我从对共产党知之不多、疑信参半到成为一个共产党员，无数事实使我明了，只有共产党能够挽救中国、发展中国。因而我决心一辈子跟随共产党走，努力为人民服务。这就是我能在遭受挫折时不气馁、勇往直前的原因。

"为学应须毕生力，攀高贵在少年时。"我们国家为青少年朋友创造了良好的学习条件，这是无数革命先烈流血流汗换来的，一定要十分珍惜。愿青少年朋友健康成长，茁壮成才。

苏步青

1997年12月

contents 目录

　　1902年9月23日，我出生在浙江平阳卧牛山下的一户农家。卧牛山是平阳县腾蛟镇带溪村后面的一座小山，远远看去，小山犹如一头躺在地上的大水牛。山上苍松翠竹交错，秋风一起，漫山红叶如染，山下的带溪如一条白练从西北的山谷流出，弯弯曲曲地向东南流淌而去。带溪村就在这条带溪的怀抱之中。

　　我们家就在带溪边。三间古老的木结构平房，坐落在矮矮的围墙之中。屋前右侧有一棵高大的枇杷树，是父亲亲手种的，每年都结鲜果。夏天我常到枇杷树下乘凉。值得一提的是，我们住在浙江，而整个村子的人却讲闽南话。这是因为，几百年前，我们的祖宗从福建同安逃荒而来，所以至今村子里仍留有闽南的语言和风俗习惯。

　　父亲苏宗善跟随祖父务农，10岁就下田干活，泥里水里苦熬30个寒暑，年年勉强糊口，房子没能翻新，孩子也养不活。到我降生时，家里只剩下三个女孩、两个男孩。自我懂事以后，父亲行动已不如以前利索，常叫腰酸背疼，原来他长年干活，在水田里泡出了严重的风湿性关节炎。每当下雨天，屋里湿乎乎的，他躺在床上，感到每根骨头都发出刺心的疼痛。看着我们几个瘦小的姐弟，他心里总是闷闷不乐。

母亲苏林氏，十分勤劳。自从父亲生病后，她就满面愁容。后来听说当风水先生能弄到几个钱，就和父亲商量，叫他也去当个风水先生。好在父亲虽无缘进学堂，却颇识得几个字，还会书法，这些都是他小时候偷偷从一所私塾那里"旁听"来的。为了谋生，父亲找来一本残破的风水书，全神贯注地看起来。

看着父亲口中念念有词，就像过年时在村头听戏一样，虽然不知所云，我却觉得有一种神秘的力量在左右我，使我十分神往。父亲看到我那么渴求读书，也就和我一道，在桌面上蘸水画写起来：山、水、田、土……从此，一张小方桌，一盏茶油灯，一本风水书，我开始启蒙读书了。

两年过去，母亲也不抱怨灯油耗得快，也不抱怨父亲没能当上风水先生，父母似乎有一种预感，认为我长大后会成为一个比风水先生更有用的人。

7岁那年，父亲觉得这样写写画画不是个办法，就找到我的伯父，让我到他开设的私塾念书。虽然看在亲戚的分儿上，免收学费，但讲定要由我替他烧饭。当时的灶头很高，我还够不着，只好搬张小板凳垫在脚下，勉强帮着烧饭。

私塾坐落在卧牛山脚下，年久失修的一间小屋，在青山绿水之间，显得越发破陋。我第一眼看到它时，真担心它会突然倒塌。我小心翼翼地跨过小屋的门槛，抬头一看，一只很大的蜘蛛挂在屋檐上，一阵风吹来，摇摇晃晃。老先生看我东张西望，很不满意，他端坐不动，扔给我两本已经用旧的木刻本

苏步青幼时读私塾的地方（1986年　浙江平阳）

《三字经》《百家姓》，要我到座位上好好念书。我便跟其他孩子一起念起了"人之初，性本善"。从此，我白天念私塾，晚上自己读书。尽管私塾常常停学，但多少总有些进步。有一天，我看到村头老叔公家有一本残缺的《三国演义》，便向他要来看，连猜带认，还懂个大概。

可是，有一天回到家里，父亲却忽然告诉我："你们先生因教书糊不了口，另寻出路去了。从明天起，你不用去上学了。"

"那我干什么？"望着父亲我脱口而出。父亲叹了口气，转眼看着挂在墙上的牛鞭子说："只好给你一条牛鞭子了。"

"放牛，太好了！"我接过父亲递来的牛鞭。

清早我赶着牛上山坡。牛悠闲地吃着草，我便倒在草地

父亲苏宗善先生（1928年）

上，从怀里掏出那本心爱的《三国演义》，津津有味地看起来。我把放牛看书遇到的问题都记在心上，然后想办法弄清楚，不让它们下次再出现。有时还和其他放牛娃分工合作，使自己看书的机会更多。看书的方式，也从躺着看，发展到骑在牛背上看。那本残缺的《三国演义》，翻来覆去读了不知有几遍，到后来，有些章节我都可以整段整段地背下来。

我最喜欢张飞，有时兴趣来了，折一根长长的树枝当丈八蛇矛，一拍牛屁股，大喝一声："燕人张翼德来也！"树枝在我的手上挥来舞去。有同伴在时，我们演一出"张飞战马超"，虽然身上常划出一道道血痕，我对此却并不在意，就怕回家不好交代。母亲不知从哪儿得到消息，每次当我牵牛出门时，总要再三叮嘱别再骑牛。我虽然口头上答应，可一走远了，就又翻身骑上牛背。

母亲的担心并不是多余的。有一次我在牛背上一得意，禁不住又手舞足蹈起来，一不留神滑下牛背，摔在一片刚砍过的竹林里。竹茬像一支支利箭，又尖又硬。万幸的是，我正好摔在相邻的竹茬中间。爬起来一看，吓出一身汗。回家后我还不敢说，夜里做梦却梦见那竹茬像吃人的牙齿，锐利凶恶，让人心惊胆战。更可怕的是我梦见自己胸前竟长出两支竹箭，吓得我大哭起来。在母亲的逼问下，我不得不把白天的惊险遭遇坦白出来。

苏步青故居，他常住在左边第二间平屋里（1986年　浙江平阳）

　　母亲得知我从牛背上摔下来的事，心神不安，和父亲商量之后，决定将我送到县城高小（平阳县中心小学）念书。

　　离家前一夜，母亲非常舍不得，一再叮嘱我："你一个人到县城里去读书，不比在家里，饭要吃饱，不要饿肚子……"说着说着就哭起来。

　　第二天鸡叫三遍的时候，我就被叫醒，说要进城去。我怎么也没想到说走就走。父亲早准备好一担米，这是作为学费用的，还带了一些衣服、日用品。我们村到县城要走100里山路，只能早早赶路。父亲挑着米，我拎着一个小包，爬上一条长岭时，我已是满头大汗。毕竟是第一次长途跋涉，我体会到从未感受过的艰苦。父亲叫我停下，找到两块石头坐下来休息。母亲为我准备了几个鸡蛋。我接过父亲递过来的鸡蛋，大口地吃起来，回头一看父亲，他正吃着野菜团子，我心里好像明白了许多事。

　　县城高小，是平阳县的"最高学府"，来读书的大多是有钱人家的孩子，他们衣着讲究，神气十足。我那时长得又矮又瘦，头发乱蓬蓬的，脸又黑又黄，一些富人子弟见到我，不是避开，就是躲在边上笑我。

上完第一堂课，我正在走廊上看热闹，有一个学生走过来，嬉皮笑脸地问我叫什么名字。我就说，苏步青，草字头的苏，一步两步的步，青天的青。旁边有人马上奚落我，说是穷光蛋还想上青天。据我所知，父亲为我起名时，确有希望我平步青云、光宗耀祖的意思，这想法有什么不对呢？但在那时，第一次被人嘲讽，我多气啊，恨不得跟那人打一架。可是我想起母亲一再叮嘱：千万不要和同学打架，他们有钱有势，到头来吃亏的还是我们自己！好在上课钟声响了，大家也都散开了。

到了晚上，学生宿舍又闹成一片，那些同学又向我攻击。原来别的同学挂的蚊帐又白又新，而我的蚊帐上却打了

苏步青故居门台（1997年　浙江平阳）

几十个补丁。于是有同学发难，说我的蚊帐难看，不配和他们住在一起。他们悄悄地跟管楼的先生通气，把我从宿舍里赶出去，让我把床搭到二楼的楼梯口。夜里，我含泪睡着了。半夜里"扑通"一声，只觉得自己从山坡上直往下滚，背上生疼，心悬得老高。醒过来一看，原来不是梦，是自己从楼梯上滚下来了。我忍着痛一步步摸黑爬上楼梯，躺在自己的小床上。

我第一次尝到孤苦伶仃的滋味，尝到了那种如生枇杷一般酸涩的滋味。当满树的枇杷一点点泛黄的时候，我和哥哥姐姐们每天都按捺不住喜悦，盼望与那些友好的小伙伴一起，在枇杷树下吃甜美的枇杷。我突然觉得，还是那个吃番薯粥的家好，父母亲好，回家的念头油然而生。我不想念书了，还是想放牛去。可是我想，放牛终不是长久之计，父亲不是希望我平

全家合影。右一：苏步青。右三：苏步青的母亲。左一：苏步青的夫人（1934年　杭州）

步青云吗？我终于没敢回家，定下心来继续学习。

　　远离家乡，得不到父母的温暖，又失去了与小伙伴在一起的欢乐，我心里闷闷不乐。学习内容远不及《三国演义》有意思，再加上老师讲课，说的是温州话，不是闽南话，言语不通，使我像个傻瓜，形影孤单。一个星期天，我偷偷地溜上街去。

　　平阳县城在浙东南可算得上是繁华地方了。这天恰逢墟日（闽粤等地区称集市），五里街坊，摆满了各式各样的东西，拥挤着形形色色的人群。叫卖声、吆喝声、吵架声响成一片，耍猴子的，卖纸扎玩具的，卖狗皮膏药的，围成一圈一圈的。记得七八岁时，父亲带我赶过一次庙会，而平阳县赶墟的热闹情景比庙会更胜几倍。

　　玩了一阵子，肚子觉得有点饿，看到人家在吃一种热气腾腾、圆圆鼓鼓的东西，面团中间藏着菜和肉。我第一次知道这就叫"包子"。反正没有钱，吃不成。下次出来玩，得想办法用饭票换点钱，用来买包子。

　　从此，一有机会，我就往街上溜，而且还有了许多许多问题，如猴子怎么能连续翻这么多跟头？狗皮膏药怎么能治病？一根面条放进油锅里，怎么变得那么大？大力士的肚皮放上大石板任人敲打，为什么五脏六腑还能安然无恙？为了寻根究底，我一看就是老半天，结果，老师布置的作业完不成。我还时常旷课、迟到，于是经常受训斥，"立壁角"。

　　"立壁角"是南方话，就是罚站的意思。上课时，其他学生都坐着，老师让犯错误的学生一个人站在角落里。下课后这个学生也不许动，直站得两腿发酸发麻，恨不得一屁股坐到地上。老师让犯错误的学生感受到别人自由的可贵，让他羡慕、羞愧和反省。

受这处罚，开头觉得挺难堪，曾下决心不再迟到旷课，可是过后很快就忘掉了痛苦。几天过去，老毛病又犯了。久而久之，我倒练就了一身"立壁角"的本领，脸不红，心不慌，泰然而立，悠闲自在，有时还趁老师不注意，擅自走动走动。可见小时候我也很调皮的。但老师毕竟不好对付，终于有一天他当众宣布了一条"禁令"：不准苏步青出校门！

　　不能看到大街上各种有趣的事，着实使我苦恼了一阵子。但是，没过多久，我又对学校烧水的老虎灶产生了兴趣。奇怪，哪来那样一口大锅，可以烧那么多开水？有一次，我想出一个新鲜的花招，拿只鸡蛋凿了个洞，丢进大锅里，看着蛋清蛋黄流出来，在气泡连串、不停翻滚的开水里凝成蛋花，真好玩啊！烧水师傅看到我在那儿看烧开水，便过来想问个究竟。

　　毕竟自知做了坏事，我连忙撒腿就跑。烧水师傅一看整锅开水都变浑了，追着抓住我，狠狠地把我推倒在地，教训了我一顿，自那以后我就再不敢胡来了。

　　学习不用心，哪来好成绩？那学期，我得了"背榜"，也就是全班最后一名。我们当时的学校，每学期考试成绩都张榜公布，最后一名像把前面所有的人都背在背上，故称"背榜"。这么差的成绩拿回家去，父母连声叹气，一点也无办法。第二学期，我的学习还是没有长进，又得了"背榜"。第三学期，"背榜"依然与我结伴。老师把我父亲叫到学校，说我读不好书，还是让我学种田吧，一年还能省下两担米。

可是，父亲对我寄托了太大的期望，而且相信管教得好，儿子一定会学好的。正好离我家15里的镇上新办了一所小学，学校离家较近，老师又讲闽南话，父亲就让我转学到这所小学（平阳县水头镇第一小学）。可对我来说，小时候养成的脾气，一时还是难改。我仍然不爱读书，四处乱逛。这种生性，当然得不到老师和同学的赞赏了。

平陽县水頭鎮第一小学校訓

认真学习 奋发向上

蘇步青
一九九七年二月

为小学母校题写校训
（1997年 上海）

有一件事，给我留下了深刻的印象。那年秋天的一个傍晚，我被教国文的谢先生叫去谈话。谢先生指着手里的一篇作文问我："这篇作文是你做的？"我拿过作文一看，脱口做出肯定的回答。谢先生用怀疑的目光看着我："你是怎么做的？"我听后感到莫名其妙。要知道，我小时候阅读了许多优秀的古典名著，有些篇章我还能背诵出来，作文的笔法不少是仿照名著的。我面对谢先生说："就这么做的，怎么想就怎么写。"这下可惹火了先生，他气呼呼地拿起笔，顺手批了个"毛"（差的意思）字。然后丢给我一句很难听的话："走吧，抄来的文章再好，也只能骗自己而已，想骗我？你还能做出这样的文章？哼！"听了这番话，犹如当头一棒。

谢先生平时对家境阔绰的学生格外垂青，而对寒酸又倔强的我，却表现出极不信任。

学国文的兴趣，一下子降到了零点，上国文课也成了我最反感的事，我还常常把头扭到一边，以示抗议。

正在此时，又发生了另外一件事。

五年级下学期，小学里新来了一位教师，名叫陈玉峰，50多岁，身材矮小，脸又黄又瘦。第一堂地理课，他在黑板上挂出一幅世界地图，向学生介绍七大洲，四大洋，名山大川，还有英、法、美等国的地理位置。我第一次在课堂上周游世界，兴奋得眼睛都不眨一下。

宇宙之神妙，世界之大观，远胜过小镇上的街景和老虎灶里的鸡蛋花，我迷上了地理课，也特别喜欢陈玉峰老师。有一次国文课我逃课，被陈老师发觉了，他问我为什么不上国文课，我振振有词地回答："谢老师看不起我。"

"看不起？看不起你，你就不读书？这样到什么时候才会被人看得起呢？"我很委屈地把上次发生的事原原本本地告诉了陈老师，还说："不信我把那篇古文背给你听，我的作文，就是学习那篇古文笔法写的。"陈老师并不想搞清楚文章是不是抄的，他沉默了一会儿，问我："你父母送你到学校来干什么？"我说学习。他又问我向谁学，我说向老师学。"你不去上课，怎么向老师学？"接着他又开导我说，"父亲从家里挑米来交学费，你年年背榜，怎么对得起省吃俭用的父母？"话音刚落，我鼻子一酸，眼泪就扑簌簌落下来了。陈老师还继续说："别人看不起你，就因为你是背榜生。假如你不是背榜生呢？假如你考第一呢？谁会小看你？"他又给我讲了一个牛顿小时候的故事：

牛顿也长在农村，到城里读书，成绩不好，同学们都欺侮他。有一次，一个同学无故打他，牛顿疼得蹲在地上，其他同学都哈哈大笑。那个同学成绩比他好，身体比他棒，平时牛顿不敢惹他，这次却忍无可忍，跳起来还击，把那个同学逼到墙角。那同学见牛顿如此勇猛，害怕了，只好认输。从这件事上，牛顿想到了一个道理，只要有骨气，肯拼搏，就能取胜。

从此他努力学习，不久成绩就跃居全班第一，后来他成了闻名世界的科学家。

我听完陈老师讲的故事，心里非常激动，奋发向上的信心一下子增强了许多。我想通了，作文是我写的，老师怎么看是老师的事，和他闹别扭反而影响自己的学习，实在不合算。现在，陈老师又介绍我认识一位朋友——牛顿，我感到自己仿佛与少年牛顿站在同一个位置上，我有了学习的榜样。

后来，我的作业本上，"优"越来越多。平时我还帮父亲算账，帮村里人看信写信，再加上三学期都考了"头榜"，再也没人看不起我了。这一切使我对陈老师更加崇敬，他的一席话，可以说是我人生的一个转折点。

1931年，我在日本获得理学博士学位后回乡探亲。小山沟里出了大博士，来探望的人络绎不绝。我一眼看出，站在远处头发花白的是陈玉峰老师。我叫着恩师的名字，恭恭敬敬地把他请到上座。陈老师对着周围的人说："有这样的学生，也算不枉度此生。"我连忙接着说："没恩师当年教诲，学生不敢奢望有今日。"临走时，我特地雇了一乘轿子，请陈老师上轿，自己跟在后面，步行30里地，把老师送回家去。

　　1914年夏天，地处温州的浙江省第十中学（现为温州中学）校门外，围了一大群人。人们挤来挤去，争看张贴在墙上的红榜。"省十中"是浙东南的最高学府，声誉不凡，从这里毕业的学生，在社会上不愁谋不到一个职业。更重要的是，"省十中"有个惯例，考进该校的第一名学生，在校四年的学费、膳费、杂费全免。因此该校公布录取名单在温州算得上是一件大事。

　　发榜那天，我早早来到校门外，看自己是否被录取。挤在后面的人看不清录取名单，不停地发问："第一名是谁？"当我听到第一名是我时，我心里别提有多高兴了，这下子我可以昂首挺胸地告慰父母了。

　　获得头榜，我的一举一动都引起老师、同学的极大关注。上国文课时，老师第一个就点我的名。他看我身材瘦小，而且全班最矮，穿着一件像袍子一样的上衣，似乎不相信第一名就这般模样。"你就是苏步青？"我心里扑扑直跳，又是国文课，真怕再碰上一个谢老师，便轻声地回答："我是苏步青。"

为了考查大家的作文水平，老师当场命题：《读〈曹刿论战〉》。两堂课内，我手不停歇地写满三页蝇头小楷，交给老师带回去。

第二天，老师把我领到自己宿舍，问我喜欢不喜欢《左传》，我一听忙说，这是我熟读并能背诵某些篇目的名著，当然喜欢啰！老师让我背一遍《子产不毁乡校》，我背得果然一字不差。老师高兴地赞叹："好，好，难怪你的文章很有《左传》笔法。"接着老师又问我读过哪些诗文，喜欢哪些，我都一一答出，并说明缘由。老师听我这么一说，更加满意，最后把画满圈圈点点、批了"佳句""精彩"的作文还给我，还说了这么一句话："你好好用功，将来可当文学家。"

教历史的老师也很喜欢我。每回考试，那些"战国四公子是谁？""汉武帝征服匈奴的主要将领是谁？""晋国的董狐为什么名垂青史？"之类的问题，常常搞得同学们头昏脑涨，考后还争论不休。但是，那些问题我却认为太简单，三下两下就答完卷。有一回，老师问："秦王朝灭亡原因何在？"有的学生只回答一两点，有的答不出来。由于我读过西汉贾谊作的《过秦论》，文中集中论述了这个问题，我便全面地回答了这个问题，还把《过秦论》从头到尾背了一遍。教室里议论纷纷，有的同学表示佩服，有的不以为意，认为这是好出风头，靠的是死记硬背。

我觉得学古文，应该熟背一些重要的篇目，至于出风头，我倒没有这种想法，随他们去说吧。这事倒使历史老师兴奋了一阵子，他有意培养一位未来的史学家，还把书柜里一长排《资治通鉴》借给我。读着这部记载上至战国、下至五代十国共1300多年的浩瀚历史的著作，我很快入了迷，产生了博古通今、当历史学家的憧憬。

在人生征途中，布满了十字路口、交叉路口，每一个人的人生轨迹都是曲折的，至于这条曲线究竟怎么画，却来自许许多多个偶然。某一天，某一个人，某一件事，某一瞬间的思想火花，随时都可能构成微妙的点，而这些点，连成了人生的路线。

那是中学二年级的时候，省十中来了一位教数学的老师。这位老师名叫杨霁朝，刚从东京留学归来。他和大家一样，穿一身白竹布长衫，白皙的脸显得消瘦，但隐约透出一种和别人不同的气质。他满腔热血，一身热情。第一堂课，老师没有马上讲数学题。"当今世界，弱肉强食。列强依仗船坚炮利，对我豆剖瓜分，肆意凌辱。中华民族亡国灭种之危迫在眉睫！"

苏步青（右）与苏步皋兄省亲合影（1924年　杭州）

他一口气讲到这里，在座的每一位同学都感受到救亡图存的责任。接着杨老师把话引入正题："要救国，就要振兴科学；发展实业，就要学好数学。"这堂课使我彻夜难眠，终生难忘。

我想，过去陈玉峰老师教我好好读书，报答父母的培育之情，国文老师要我当文学家，历史老师要我当史学家，都没有跳出个人出息的小圈子。而今杨霁朝老师的数学课，却让我把个人的志向和国家兴亡联系起来，我动心了，也仿佛感觉到自己懂事了一些。

以前，我并没有对数学产生多大的兴趣，尽管前两年的数学成绩也总是全班第一。我觉得文学、历史才有浩瀚的知识可学，而数学不免显得简单乏味。但是杨霁朝老师的数学课却能吸引住我。那些枯燥乏味的数学公式、定理一经他讲解就变活了，那一步步的推理、演算、论证，就像一级级台阶，通往高深、奇妙的境界。杨老师还带领我们测量山高、计算田亩、设计房屋，这些生动活泼的形式在学生中间产生了极大反响。我在这些活动中干得最起劲，杨老师出了许多趣味数学题让我们竞赛，每次我都取得好名次。

课本里的习题远远不能满足我的要求，我不断讨习题做，引起杨老师的格外关注。有一回杨霁朝老师将一本日本杂志上的数学题拿给我做。有几道题确实很难，我一时不知如何下手。严冬的深夜，空荡荡的教室像冰窖一样，我一个人坐在那里发犟脾气，不得出答案，决不回宿舍。眼前的数学题，像一块生硬的馒头，咬不动，啃不下。苦思冥想，一团乱麻的思路突然被解开，我兴奋得两颊通红，脑神经不停地跳着。就这样，不知不觉我被引入了数学王国的大门。

三年级时，学校调来一位新校长，名叫洪彦远，他原是日本高等师范学校数学系的毕业生，已经40多岁了。到任后不久，他随处都听到我的名字，所以特地调我的作文和数学练习查看。洪校长在日本师范接受过先进的教育思想，很有眼光，特别看重有才能的学生，我就是这样被看中的。当杨霁朝老师调任物理课后，洪校长就到我们班教几何课。有一次证明"三角形的一个外角等于不相邻的两个内角之和"这条定理，我用了24种大同小异的解法，演算了这道题。洪校长大为得意，把它作为学校教育的突出成果，送到省教育展览会上展出。

　　洪校长看出我有培养前途，不仅关心我中学的学业，还为我中学毕业后的去向做了考虑，他四处对人说："将来我要让苏步青留学。"

　　我快毕业的时候，省教育厅突然取消了给第一名学生免去学、膳、杂费的规定，我的生活立刻产生了危机，偏偏这时洪校长又要调到教育部工作。正在十分焦急的时候，洪校长却把一切安排好了。他再三交代新接班的校长，无论如何也要让我读完中学。到北京前，洪校长还特意关照我，今后有什么困难就写信给他。

　　4年的中学时代结束了。整整8个学期，我以门门90分以上的成绩名列头榜。回想待在温州城的4年，与念小学时的情况有根本的变化。温州最繁华的五马路，离学校仅1里路，我却从来没去玩过。在省十中，我最喜爱那不熄的灯光，在摇曳的灯影里，我留下了厚厚的一摞练习本，里面足足有1万道题。除了生病，整整4年我没有在10点钟以前上床休息过。

　　学习期间的8个寒暑假，我白天帮父亲干活，晚上在灯下苦苦钻研，没有去过一次亲戚家。

没有辛勤的耕耘，就不可能有好的收获，这是我那时就明白的道理。1919年7月，我想起洪校长临离开中学时对我的教导："天下兴亡，匹夫有责。"想起他那句"有困难写信给我"的话，我壮着胆子写了一封信给他，信上提及出国留学的事。不久，我收到了洪校长的来信，信中鼓励我到日本留学，并寄来200块银元。我捧着白花花的银元，激动得流下了热泪。没有洪校长的资助，我此后的足迹很可能不会像今天这样了。

　　这年秋天，正是秋高气爽的时候，我从家乡辗转多日来到上海，准备乘外轮去日本留学。我眼里的上海，是被列强任意宰割、任意瓜分的半封建半殖民地。英、法、美、日、德、意大小列强，皆在中国设有租借地。外滩的公园，被列为"华人与狗不得入内"的地方。黄浦江上停泊的是英国、美国、日本等国家的军舰。我到日本去，每次坐船总要进黄浦江，冬天还看到南京路上有冻死的人。后来回忆当年，更激起我的一种责任感。为此，我还写下这样的诗句：

> 渡头轻雨洒平沙，
> 十里梧桐绿万家。
> 犹记当时停泊处，
> 少年负笈梦荣华。

　　就这样，我带着洪校长给的银元，带着美好的梦想，登上了日本外轮，来到了东京。按当时规定，留学生必须考取指定的几个学校，才能得到政

大学时代（1924年　日本）

府的公费资助。而考取前，一切进修或请教师授课均需自己付费。不懂日语的我，只能先进东亚日语补习学校。学校按部就班，学习进度很慢，效果也不理想。我算计着所需的费用。在当时的日本，生活费用较高，每个月需花费40块银元。按此计算，钱就是花光了，日语也还学不会。于是我决定不进补习学校了。由熟人介绍，我进入日本私人家庭出租的房间，拜房东老妈妈为师。早晨，我就跟房东老妈妈去买菜，专注地听着周围人们的对话，然后小声地重复着。三餐饭后，跟他们一家进行日语交流，晚上让老妈妈给我讲日本民间故事和神话传说。其他时间按计划复习各门功课，直到1920年3月。

春天来了，东京的学校陆续开始招生。我想学技术，看中了东京高等工业学校。这所学校不仅名气很响，而且有中国政府的统一拨款，中国学生可以享受公费留学待遇。正因为这许多优越性，报考的学生有40人之多。考试中，数学、物理、化学、英语、日语作文，我都胸有成竹。就拿数学来说吧，包括算术、代数、几何、三角在内有24道题目，按规定3小时交卷，可我只花1小时就完成了答题，监考员盯住我看了半分钟，也说不出什么话。

我感到畏惧的只有日语口语。到日本时间不长，又不是正规老师教授，我担心难以通过。不过我做好了充分的思想准备，我有一些基础，就看临场发挥。主考官说话很快，不停地用日语提问，我一听都是简单的履历问题，便流利地做了回答。随着问题难度的递增，我开始感到词汇量不足，如果不采取应对办法，很可能被问住。于是，当考官问我住在哪里时，我便选择自己熟悉的词汇，主动出击："我住在一位老妈妈家里，她家在九段坂附近，她待我好极了，像待自己的儿子一样。每天晚饭后她都给我讲故事，有一个故事是这样的：从

苏步青（右）在仙台（1924年　日本仙台）

前，在一个很远的地方，有一个贫苦的农夫……"接着，我一个一个地讲，主考官听着我讲的故事，有点不相信，问我从中国到日本多久了，一听说只来了不到半年，大为惊讶，站起来拍拍我的肩膀，宣布我通过口语考试。

当时，许多留学生要先花半年到两年时间学日语，补习一些考试科目。我迫于经济原因，采用了灵活的办法，创造了用3个多月的时间通过日语关的纪录，并以第一名的成绩考上了东京高等工业学校，在10个人录取1个人的比例中，我能被录取很不容易。这一年考取该校的中国人只有4名，我感到很荣幸。我首先就想到中学母校和可爱可亲的洪校长，还有给我信心的陈玉峰先生。

　　1920年初，我刚满18岁，进入东京高等工业学校电机系学习。这是一所学制为四年的大学。前三年是打基础，我还是像中学时那样勤奋学习，每个学期都稳拿第一名，有一门"交流"课，还得到学校颁发的特别奖，奖品是计算尺和几本参考书。同学们都投来佩服的目光，有些习题做不出的，也都来找我，每次都能得到满意的答案。

　　可是，我并不想当个电机工程师，内心感兴趣的还是数学，因此，一有空就花大量的时间钻研自己心爱的解析几何、微积分。我埋头在数学公式里的时候，是我最幸福的时刻。

　　除了紧张的学习，我也开始对体育运动产生兴趣。可能是学习上的优胜，促使我争取体育运动的优胜。我爱好许多项运动，唯独不敢骑马，由于小时候骑在牛背上读《三国演义》摔下来过，差点送了命，牛马同类，使我望而生畏。

　　争胜好强的性格，使我特别喜欢那些对抗激烈的体育项目。在系与系、班与班的足球比赛中，我充当守门员，能扑出一些险进的球。我还组织一批中国留学生和日本朋友一起，到东京附近的一条名叫隅田川的河上进行划船比赛。后来，我又学会骑自行车，并参加越野比赛。这项运动很危险，而且非常艰苦，但我认为这对锻炼人的意志和毅力很有益，每次比赛都参加。由于车技不高，没有获得过名次，但总能坚持到终点。我还喜欢网球、登山等运动。到今天，我的右手臂明显比左手臂粗一些，就是因为当年打网球。我今天有这般健康的身体，获得过全国健康老人特别奖，与年轻时爱好体育锻炼分不开。

大学是青年得以发挥才干的场所。说来奇怪，中学时我沉默寡言，不大与人来往。到了大学，我忽然发现与人交往也有许多乐趣。中国留学生是我广交朋友的对象，同是中国人比较谈得来。我们一起探讨祖国的未来，人生的道路，有时还研究数学中的难题。

再有就找留学生中的家乡人，一起回忆家乡的风土人情，抒发自己爱祖国、爱故乡的情感。谈到高兴时，我就当场挥毫，作诗填词，分送诸位好友。我喜爱苏东坡豁达、豪放的诗词和挺秀的书法，在中学时代就下功夫研究、临摹过。有的同学看了我的作品后，说我的诗词有"苏门弟子"的韵味，书法的笔锋也酷似东坡体。其实，做什么事，用心钻研，总会有收获的。写作诗词，练习书法，使我得益一辈子。

正是学有长进、身体变壮的时候，东京发生了大地震。那是1923年9月1日中午，我还在寝室里埋头钻研一本世界有名的解析几何著作，越看越有劲，不觉忘记了时间。一位同学吃完饭，用筷子敲着饭盒走进来，看到我还在纸上演算，就催我快去吃饭，否则食堂要关门了。我这时才把书往桌上一推，急匆匆拿起饭盒冲向食堂。

刚从食堂出来，一股强烈的气浪把我冲倒在地，传来一阵喊声："地震了！"我才意识到遇上了大地震。真是地动山摇，一分钟之内，东京高等工业学校的校舍全部倒塌，大火从平地上蹿起来，一时火光冲天，烈焰腾空。我们这些幸存者赶快跑到附近的一个公园躲避，生怕再来余震。

学校一切都毁了，几百名学生死亡，包括催促我去吃饭的同学在内。他的一句催促的话，把我从死神那里解救出来，自己却陷入劫难。这场大灾难把我的衣物、铺盖统统化为灰烬，课本、笔记本、参考书一本也没剩。这对我是一个沉重的打击。我整天神情恍惚，终于生了一场大病。

没有校舍，我们不得不临时到仙台的东北帝国大学寄读。几个月后，学校举行毕业考试，我没有任何资料可供复习，病还未愈，结果只考了个"及格"。这是我一生中最伤心的一场考试，简直是一落千丈。

学校领导不愿让我这个平时学习一直优秀的学生拿着一张"及格"的考试成绩单离开母校，决定向校务委员会报告这个特殊的情况。校务委员会的教授们专门为我的学习成绩进行审查。最后，全体教授一致举手表决通过，单独为我发一张特别的手写毕业证书，上面写着：苏步青，以优等成绩毕业。

东京八级地震把我所有的书籍、笔记本都毁了，这件事也成了我学习上的一个转折点。我喜欢数学，就得投考一个比较像样的大学。当时在日本有几所帝国大学，其中只有东北帝国大学数学系招收同等学力的学生。东北帝国大学集中了一批日本的数学家，他们不但是日本一流的，在世界上也有很高的声望。但这所大学的门槛却不是那么好跨的，它一般只招收本校的预科生，留下屈指可数的几个名额，择优录取校外的人才。同等学力的人必须经过难度很高的考场比试，才有希望获得光荣的桂冠。

　　每逢春天这所大学招生时，日本和外国学业的"尖子"云集仙台，为争得这少得可怜的入学名额而搏斗。东京高等工业学校的老师鼓励我去竞争，还写了一封私人信件，介绍我在校的学业成绩以及对数学的特别爱好，让我去找东北帝国大学数学系主任林鹤一先生，希望他能给我提供方便。这位老师还一再告诉我，他与林鹤一先生很有交情，一定要去递上这封信。我感谢他的一片盛情，可是我不想从"后门"进入东北帝国大学。我要光明正大地凭自己的实力进入东北帝国大学，我没有去找林鹤一先生。

　　这场考试有十几个国家90名报考者参加，只有我一个是中国人。我想这并不可怕，我的同乡陈建功同学也是通过考试

在日本东京老同学送别时留影。前排右二：苏步青（1931年）

击败许多对手而进入东北帝国大学数学系的。他获博士学位后回国执教，成为杰出的数学家。1955年我与他同时成为中国科学院学部委员。当时我想学他的样，再为中国人争口气。

考场设在东北帝国大学内，第一场考解析几何，第二场考微积分，按规定每场3小时。我都是1小时就考完离场，因为这两门课都是我平时花了大量时间学习、研究过的，可以说没有什么难得住我的地方。没过几天，就公布考试结果，90人中只有9人被录取，考分均在190分以上，我得了200分，名列第一，作为唯一的中国留学生被录取。我为祖国争光的愿望实现了。

在日本东北帝国大学数学系讨论班上合影。后排右一：苏步青（1925年　日本仙台）

考进自己向往的东北帝国大学数学系，我心情非常舒畅，同时也觉得，以往的一帆风顺，也预示着自己今后的学习会很顺利。但是，当我来到指导教师洼田忠彦教授身边时，我立即感受到攀登数学科学高峰并不是想象中那样轻而易举的。洼田是著名的几何学家，训练我很严格，甚至有些严厉，我不得不产生一种畏惧心理。

有一次，遇到一道几何难题解不出来，我便去向洼田先生求教。教授看了看我，只冷冷地说："请你去看沙尔门·菲德拉的解析几何著作，然后再来找我。"我马上到学校图书馆查书。当我查到该书翻阅时，我不禁连声叫苦。这是一套德文原版书，有厚厚的三大本，近2000页。当时，我还只懂日文、英文、法文，对德文一窍不通，心里不由抱怨起来：先生太狠心，不给具体指点，这么厚的一本书要啃到何年何月？抱怨归抱怨，毕竟是老师叫读的，也只好听从。

我一面抓紧时间学德文，一面啃原著。一个学期下来，我硬是啃完了这套书。到这个时候，我才去见洼田教授。教授一见我便问，那道题的答案找到没有？我深深地鞠了一躬，表示诚挚的感谢。因为这套书不但解决了我的疑难问题，而且使我的解析几何知识系统化，掌握了终生有用的基础知识。

在钻研数学的过程中，我发现意大利的几何学是世界闻名的，而自己不懂意大利语，给学习意大利名著带来很大困

与指导老师洼田忠彦合影。左一苏步青（1957年）

难。思考再三，我下决心学意大利语，以便将来能更有效地研究几何学。

因为有过向房东老妈妈学日语的经历，这次学意大利语又想用这种办法。然而，这次我选择的对象不是老妈妈，而是一位意大利的神父。

东北帝国大学附近有一个天主教堂，每星期五做弥撒时，总能见到这位神父。他是位意大利人，已年近花甲，头发完全白了。受罗马梵蒂冈派遣，他远渡重洋，到日本来传教，已有20多年时间了。我并不信教，但是苦于找不到意大利语的老师，也只能从当教徒入手，以便接近神父，获得学意大利语的机会。我特意买了一件做弥撒穿的白外套，参加了几次弥撒。据说神父年迈，想收新教徒接班，正在物色对象，而我一心想接近神父，寻求意大利语老师。几次接触之后，我们之间日渐熟悉，终于有一天我向神父提出请他教我意大利语的请求。神父出于自己的目的，竟然爽快地答应了我的请求，并告诉我每天晚上都可以去。

从此，我每天晚上都到神父家上课，风雨无阻。神父误认为找到了一个"新教徒"，为了让我早日学会意大利语接班，所以教得特别卖力。而我则想多掌握一门外语，可以多看懂一个国家的数学名著，真是同"桌"异梦，各有所求。

3个月后，我已经能够轻松地阅读意大利的原版数学论著。预期的目的达到了，而我又不想为学意大利语占用更多宝贵的时间，便带了一笔学费向神父告辞。神父惊愕地问我为什么不想当神父。我这才道出本意。我说我不想研究教义，只想探索数学，您教会了我意大利语，我会终身记住您，感谢您。

神父对这突如其来的辞行，有点难以接受，仍尽力地想说服我，并声称只有宗教才能拯救人类。我也据理力争，宣称只有科学才能造福于人类。神父看出这是一个难以挽回的局面，只好找一句话来安慰自己："每个人都有自己的宗教，你把数学当作自己的宗教。孩子，你去努力吧！"神父不收我一文钱，把我送出了家门。

神父教会了我意大利语，我是满怀感激之情的。有了这个外语工具，在大学期间，我和意大利的几位著名数学大师有了通信交往，及时得到了他们的指点和具体帮助。我可以用意大利语准确表达自己的思想，以至于后来能写出意大利语的数学论文，在意大利的著名杂志上发表。所有这些，我怎能不感激神父认真而严肃的意大利语教育呢？

我从青年时代开始就意识到外语的重要性，并寻找各种机会，如饥似渴地学习和掌握外语。在掌握前5门外语的基础上，我又自学了西班牙语。到了50多岁，因教学、科研的需要，我又学会了比较难掌握的俄语。这样，我一共掌握7门外语，其中，日语、英语、法语精通，其他几门则能阅读数学专著。60年代我有机会出访欧洲几国，我既是团长、秘书，又兼任翻译，可见学好外语真是好处不少啊！特别是处于改革开放的今天，更应该学好外语。

由于外语得心应手，学习国外数学的新作也就不太困难了。书读多了，启发也大，为我早期开展科学研究奠定了基础。读大学三年级时，我写出了第一篇数学论文——《关于费开特的一个定理的注记》（又名《关于一个定理的扩充》）。由于有一些新的见解，论证也比较严密，几位著名的学者都加以赞赏。导师将这篇论文推荐给日本学士院主办的学术刊物发表。据说，当时学生的论文发表在学士院学报上的几乎没有，况且作者又是一位年轻的中国学生，这在学校引起很大轰动。日本一家报纸为此还专门发了一条新闻。

我在东北帝国大学数学系之所以能比较顺利地成长，不能不提及系主任林鹤一先生。是他对我一贯的支持和帮助，给了我克服困难的信心，又使我对数学有了深一层的认识，从而下决心去攀登数学的高峰。

林鹤一先生是系主任、一级教授，平时戴一副近视眼镜，虽然面容消瘦，神情严肃，但为人温存厚道。在入东北帝国大学之前，我就了解林先生，有人介绍我去找他，请他在入学上开个方便之门。当时我并没有这样做。入了大学，我也没有交出请托信，我相信自己有实力能在学习上打开局面。果然，一接触，林先生就很喜欢我，经常抽空给我个别辅导。

数学系的老师都很严格，这也对我进一步学数学提出了更高的要求。有一次老师让我们用一个下午的时间做题目，留下题目便走了。按照以往的架势，我又想拿个第一，专门找没人敢坐的第一排坐下，埋头做起题来。两个钟头后，老师回来了，首先拿起我的作业看起来，一边看，一边摇头说，什么东西，这根本不是数学。在评述时，老师指出了同学们在演算中不符合现代数学精神的地方。这时我才恍然大悟,以前在工科大学学的数学是不严谨的。要想学到真本领,还得加深对现代数学的认识,同时改进演算习题的思路。

到了三年级时,林先生看到我在数学上那么专心致志,又进一步鼓励我,还从生活上给予接济。由于国内发生江浙战争,公费中断,我生活无着,眼看着学业难以为继。我不得不到校园图书馆兼任管理员,利用业余时间当杂志校对员,假日出去当家庭教师,替人家打字,等等,以维持最低的生活水平。林先生看在眼里,急在心里,最后决定从自己的薪水中,每月取出40元给我做生活费,并且开玩笑对我说:"等你发了财还我。"

这段艰苦的生活,对我的一生有很大的帮助。如当校对员之后,自己写书校对稿件就很少出差错。又如当家庭教师、卖报、送牛奶,也增加了对社会的接触,对自己交际能力的提高有很大的促进。当我毕业时,林先生决定把我留下当研究生,他这一决定获得东北帝国大学教授会的批准。

1927年,日本政府在《田中奏折》中发出"为了征服中国,必先征服'满蒙';为了征服世界,必先征服中国"的叫嚣。民族危机使全中国人民愤怒了。我已无心再钻研数学,便和其他留学生一起走上街头,游行示威,散发传单,声讨日本帝国主义的侵华罪行。在留学生的集会上,我发表了讲话,大致意思是警告日本当局:中国人绝不当亡国奴,中华五千年的历史证明,谁想征服中国,只能自取灭亡。

没想到我的言行竟引起日本警察局的注意。一天晚上,日本特务到了我的宿舍,把我当作留学生中的中共地下党员抓去,关进了牢房。林先生知道我是学生,不可能是地下党员,马上找了几位教授联名写了担保书，在警方没有来得及审讯我的时候，就把我保释出来。但是释放前，一个日本特务还恶狠狠地警告我："你再煽动闹事，当心脑袋！"我知道这句话的分量，日本盛行暗杀之风，到时候说不定真把我干掉。

可是，出狱不久，我又暗暗地参加一个进步的读书会，会上经常讨论救国救民的道路何在等现实问题。我看到留学生都很爱国，想想自己光有科学救国的思想是不够的。彷徨和苦闷中，我开始找一些社会科学方面的书来读，无意中接触到马列主义的书刊。对于马列主义，我当时的认识是很粗浅的，但为以后正确认识中国共产党的主张打下了基础。我心中逐渐明确：要奋发学习，报效祖国，做一个正直的、有所作为的人。

在日本东北帝国大学任讲师期间。前左一：苏步青
（1928年　日本仙台）

过了没多久，林先生从我的业务水平出发，决定聘请我担任代数课的教学工作，这样一来可以减轻他的负担，二来又可以给我增加一份工资。这一聘任很快被批准，我的酬金每月为65元，职称为讲师。在东北帝国大学的校史上，还没有一个外国留学生兼任过讲师。这件事发生在一个中国人身上，成了日本报纸的一条新闻。据说，在报批我的讲师职称时，教授会首先表示反对。因为当时日本很歧视中国人，让中国人兼讲师被认为是一个荒谬的举动。可是由于林先生的坚持，这个聘请获得通过。难怪日本报章登载此事时，发出"非帝国臣民，却当了帝国大学讲师"的感叹。但是，没过多久，这种责问声就平息了，因为我上的代数课受到学生的一致欢迎。

"苏锥面"

　　到了1928年初，我在一般曲面研究中发现了四次（三阶）代数锥面，这是几何中极有意义的重大突破。学术论文一发表，便在日本和国际数学界产生反响，有人称这一成果为"苏锥面"。这样一来，我也获得研究生奖学金，每月40元。据说，在东北帝国大学校史上，这一奖学金从来没有授予过外国留学生。

　　接下来的一段时间，我一边教学，一边搞研究。研究主要集中在仿射微分几何上面。在攻读博士学位期间，我曾以"仿射空间曲面论"为题，在《日本数学辑报》连续发表了12篇论文，此外还有多篇论文讨论这一方面的课题。一方面，我引进仿射铸曲面和仿射旋转曲面，阐明它们的特性和构作方法，并把这些研究扩大到高维空间超曲面的情形。另一方面，对于一般的曲面，我发现了极有意义的四次（三阶）代数锥面，这就是所谓的"苏锥面"。我用几何的构图刻画出曲面的高阶微分的性质，这是当时微分几何学中众所注目的课题，在国际数学界产生了较大的影响。

到1931年初，我已经有41篇仿射微分几何和射影微分几何方面的研究论文发表在日本、美国、意大利的数学刊物上，一些研究成果在国际数学界得到介绍和引用。有人说我是"东方国度上空升起的灿烂的数学明星"。

根据这些已发表的论文，指导老师建议我写一篇总结性的论文，作为申请理学博士的论文。经过两个多月的奋斗，我写出了长达260页的论文，提交论文答辩委员会审阅。经过答辩，我获得校教授会的一致通过，这一年我才29岁。

毕业那一天，我头戴博士帽，手执博士学位证书，拍了一张毕业照。我获得的是东北帝国大学颁发的理学博士称号，是中国人在日本获得这一称号的第二人。第一位是比我早两年毕业的陈建功先生。日本几家大报纸以醒目的标题刊登了这一消息。

　　仙台的春天姗姗来迟。一阵春雨过后，城内城外、大街小巷的千万株樱花突然一齐开放，到处花团锦簇，万紫千红。

　　早晨，我正在宿舍里写一篇关于曲线、曲面研究的论文，忽然窗外传来"啪哒，啪哒"的木屐声。随着木屐声的节奏，响起了少女银铃般的歌声。我的老朋友茅诚司先生陪同两位姑娘来访。门一开，我认出一位是茅先生的未婚妻，另一位未见过面。茅先生介绍说："这位是松本米子小姐，这位是苏步青君。"

　　我连忙起身欢迎，而且一下子就想起，她也许就是经常在电台演奏古筝曲的松本小姐。早就听人说，本校松本教授有一位才貌出众的女儿，古筝也弹得很出色。我还听说，许多大学生都在追求松本米子，松本教授半开玩笑地对学生们说："将来你们谁考了第一名，我就把女儿嫁给谁。"在茅先生的介绍下，我们从古筝曲谈到中国文化对日本的影响，从中国的书法、茶经，谈到日本的书道、茶道、花道，越谈越投机。

　　经过多次的接触和了解，我和松本米子小姐结下了深厚

苏步青与夫人松本米子
（1930年　日本仙台）

的感情。对于我们的婚姻，她的父亲不太赞成，但是她的母亲很支持。在樱花盛开的季节，我们由恋爱而结婚，那年她23岁。在我们结婚时，她因为害怕亲戚嘲笑我是中国人，不敢暴露我的真实国籍。直到我获得理学博士学位，日本报纸都报道了一个中国留学生的成就，他们才知道了我的真实国籍。他们暗暗地说："这么厉害的中国人，为什么不早告诉我们。"结婚时，松本米子穿了件很漂亮的礼服，引得参加婚礼者满口赞誉。这时松本米子也改名为苏松本。第二年，我们有了第一个女儿。

家安好了，工作也很顺利，但我的心却不踏实。一是到日本前，就与陈建功先生约好学成后回故乡建设一流的数学系；二是当初出国留学，就想到今后报效祖国。留在日本，与当初出国的志向有违。而现实环境却是：岳丈一家都希望我留在日本工作，东北帝国大学也发出正式聘请书，请我留校任教，对走或留我产生了不小的困惑。

一天，我把自己的心事与夫人讲了，并征求她的意见。没想到夫人十分贤惠地说："你决定吧，不论你到哪里，我都跟你去。"我坦率而坚定地告诉她，我早就定好了志向，毕业后回国去。"那我也到中国去。你爱中国，我也爱中国。"夫人十分恳切地说。我说："到中国去，我是回到故乡，你却要告别故乡，告别亲人。再说，中国的生活也比较艰苦，你不怕吗？"我把困难讲得重一点，多一点，是想让她真正决定走后，不至于后悔。"我不怕。中国是你的故乡，也就是我的第二故乡。"我完全被夫人的真诚感动了，想象中，她跟我回国将会遇到很多的困难，要吃许多的苦。但是，夫人已经想过这一切，并有了思想准备，我也相信她说的都是真话，相信她一定会和我同心协力克服一个个困难。

我决心回国的消息一传开，在日本的亲友、同学、老师都来挽留。他们说，中国军阀混战，政局动荡，回去后吃苦不必说，学术上的辉煌也要断送。我的心早已飞回祖国，便毫不犹豫地说："祖国正处在水深火热之中，我不能袖手旁观。"

东北帝国大学表示，为我保留半年职位，如果回国后遇到困难，可以随时回来就职。

对于回国后可能遇到的困难，我都仔细想过。既然夫人表示愿与我一起走，其他的顾虑就微不足道了。我对盛情挽留我的老师、同学很感激，也表示祖国正需要我，回国教书是我应尽的职责。

一听说我要回国执教，厦门大学、北京大学等都来信以高薪聘请。燕京大学的大红聘书上写着：请您担任我校教授，月薪240美金。可以说，这是当时国内比较高的薪水。可是，我对去哪里早有准备，因此一一谢绝了。

浙江大学当时还是新建的学校，设备条件比较差，工资待遇不高。这个学校的数学系，当时仅有4位教师、10名学生，图书资料也奇缺。但是我决定到浙江大学。因为两年前，我的同学、同乡陈建功先生从东北帝国大学毕业时，就同我约定：到浙江大学去，回家乡去，白手起家，培养中国的数学人才。这个约定我一直记在脑子里，可以说也是为了实现这个愿望，平时刻苦学习和钻研，才不断有所进步。现在这一理想就要实现了。

至此，我要谈谈陈建功先生。他早年留学日本，在东京高等工业学校和东京物理学校（夜校）同时毕业，后来又考进日本东北帝国大学数学系，3年后毕业。1926年冬，陈先生第三次东渡，进了东北帝国大学研究院当研究生，仅用了两年半的时间，就写出了10多篇关于正交函数论的文章。由于这些卓

苏步青（后排左二）和岳父家合影。前排左二：岳母松本德子。左三：祖母松本赛。左四：岳父松本万之助。后排左五：松本米子（1930年 日本仙台）

越的成果，1929年他获得东北帝国大学理学博士学位，成为在日本取得崇高荣誉的第一个外国科学家。他还用日语写成一本专著《三角级数论》，在日本出版。书中不少新译术语是陈建功先生首创的，至今仍被沿用。

我在日本留学时期，先后三次与陈建功先生同学，他是我的良师益友。长期被外国人污蔑为"劣等人种"的中华民族，竟然出了陈建功这样一个数学家，无怪乎当时举世赞叹和惊奇。陈建功先生为祖国争光，为中国人争光，他是中国人民的骄傲，也成了我学习的榜样。在以后相处的50年中，我从他身上学到不少好东西，如怎样既教书又搞科研，如何早出人才，以及严格治学的态度，全心全意为人民服务的精神，等等。特别值得一提的是，陈先生首创用中文编写大学数学教材、用中国话教学生的教学法，这在当时是绝无仅有的。他这种爱国主义精神，对我产生了久远的影响。

在陈建功先生走完一生的光辉历程时，我作了两首诗为他送行，并表达深切的哀悼：

武林旧事鸟空啼，
故侣凋零忆酒旗。
我欲东风种桃李，
于无言下自成蹊。

清歌一曲出高楼，
求是桥边忆旧游。
世上何人同此调，
梦随烟雨落杭州。

1931年3月，我先回国一次，以便做些准备和安排，我的夫人和两个孩子回到松本家暂住。我从上海乘火车到杭州途中，正是暮春时节，江南草长，杂花生树，群莺乱飞，故乡的一草一木，引起我无限的情思。在车上，我用《忆江南》词牌填词，现在只记起一半：

杭州好，驿路到临平。一塔迎人春有影，四周故道梦无声。……

到了浙大，那里的条件比我想象的还要差。聘书上言明：月俸大洋300元。但学校经费无着，名为副教授，连续4个月我没有拿到1分钱。幸亏在上海兵工厂做工程师的哥哥借了一些钱给我，我才不至于去当掉自己的衣服。摆在我面前的已不是能不能搞数学研究的问题，而是吃饭的问题。而且，我的夫人和两个孩子还在日本，需要我赚钱养活他们。实在没办法，看来可能只得回日本去。

这时有人告诉邵裴子校长，苏步青面临很多困难，准备回到日本。半夜里，邵校长敲开我的门，核实听来的消息，当我无可奈何地告知他确有此想法时，邵校长脱口而出："不能回去，你是我们的宝贝……"一听到"宝贝"两个字，我全身像有一股暖流在涌动，忙问是真的吗。邵校长肯定而有力地说："真的。"我马上说："好啦，那就不走了！"这天夜里，是我从日本回来后第一次这么激动。没几天，邵校长亲自为我弄到1200块大洋，解决了我无米之炊的困难，让我终生难忘。

这一年夏天，我高高兴兴地去日本接夫人和孩子。可是到了松本家，心情又不轻松了。他们看我处境困难，纷纷劝我别回中国。有的说，东北帝国大学为你保留了讲师的工资，足够你一家人开销。岳父也尽力挽留。但是夫人对我说，她爱我，支持我回中国，这样对两个孩子的教育也有好处。我自己还有一点考虑：浙大校长把我当宝贝，我决不能辜负学校对我的期望。

就这样我们一家人回到了西子湖畔的杭州城。从那时候起，夫人就生活在中国的大地上，为教育孩子，支持我的教学和科研，奉献了一生。如今我已95岁高龄，想起已故夫人，仍是情真意切：

> 老来孤独向谁倾，
> 别后凄凉梦亦惊。
> 点检遗书三两纸，
> 不堪回首望东瀛。

在浙江大学文理学院数学系欢迎会上合影。前排右三：钱宝琮。右四：苏步青。右五：陈建功（1931年4月　杭州）

　　生活虽苦，但这是为祖国培养人才啊！现在想起来，简直令人难以相信，我与陈建功先生每人开4门课，二年级的坐标几何、三年级的综合几何、四年级的微分几何和数学研究甲、乙等课，是我承担的课程，外加辅导，改作业，编教材，搞科研，真是全面铺开。图书资料实在太少了，我利用暑期到日本去抄，一个假期竟抄回20多万字的最新文献资料，足足享用了20年。

　　1932年秋季，陈建功先生找到校长邵裴子说："苏先生学问又好，又有行政才干，我想把系主任一职让出来，给他担任。"然而，陈建功是一位深受学生和同事拥戴的名教授，他辞职，邵校长认为不妥。可是陈建功着急地说："能把苏先生请回来担任系主任，我比什么都高兴。"这样，刚满30岁，我就当上了浙大数学系主任，陈建功退居二线当"军师"，常常给我出些主意。由于我们两个青年教授搭档，励精图治，数学系经过一番改革，还真的变了样。

　　我们办起了微分几何和函数论两个讨论班，一人主持一个。参加者要定期报告自己的研究成果和阅读国外最新数学文献的体会，并互相质询、答辩。这样，我们便把青年教师和高年级学生迅速推到了世界数学发展的前沿阵地。

1934年暑假，浙江大学数学系第一届毕业生方德植，在我的指导下写成题为《定挠曲线的一个特征》的论文，对法国著名数学家达尔布的一个公式做了重要改进。论文发表后，国内外许多数学家，都把这一成果写进了教科书。看到这一成果，我非常高兴，逢人便说，谁说中国培养不出人才？现在我们不是培养出来了吗？顺便说一下，这个方德植后来培养出了卓越的数学家陈景润。他自己80岁了，还在著书立说，真是个人才。

为了把学生培养成才，我们都以身作则，严格要求自己，同时也对学生提出严格要求，从而在浙江大学数学系树立起严谨治学的学风。记得当时有一个从上海到浙大念书的女同学，过不惯紧张的学习生活，开学没几天就溜回繁华舒适的上海，整天打扮得花枝招展，看电影，串亲戚，会朋友。后来在父母的催促下才回校上课。我知道这件事后，一进教室就点名叫她上讲台演算习题，算不出不准下台，让她一直在黑板前"挂"了一个多小时。从那以后，她全部心思都用到学习上，后来成了一位物理学家。

我们还大力提倡教学和科研相结合，这样既培养了高质量的学生，又有高质量的论文发表。美国、日本、英国、法国、德国、意大利、比利时、秘鲁等国的数学杂志，都竞相发表我们学校师生写作的研究论文。国内青年学生中流传着"要学数学就要去浙大"的说法，印度著名数学家高必善也把他的研究生送到我这里学习微分几何。

在这里，要提一提后来成为数学家的白正国先生。他和我都是平阳腾蛟人，我们生长在同一个山村，可是相识却是在他到浙江大学读书时。

白正国高中就读于温州中学，毕业前他就听说过我的名字，所以考大学就冲着我，只填报浙大数学系一个志愿。高考结束后，白正国就住在大学路大同旅馆，等待录取的消息。没多久，我从录取的学生中，看到白正国的数学考卷，发现这是一位很有数学天赋的学生，非常高兴。我得知他正在旅馆等待消息，就迫不及待地到旅馆找他，并告诉他被录取的消息。看得出来，他分外高兴，特别是对我到旅馆找他，很是意外。我和他聊了一会，要他开学前读一本参考书，并说了几句鼓励的话。

白正国上大学二年级时，我教坐标几何。有一天，我发现白正国神情不好，忙问出什么事了。原来是他父亲病故，家庭无力再供他求学了。我知道后，就从自己很少的工资中，每月挤出50元资助他，直到他毕业。白正国解除了后顾之忧，又勤奋学习了。

由于当时浙大规模不大，数学系每个年级不足10人，所以，我们师生之间关系非常融洽。春秋假日，我们跟学生一起登山远游，南高峰、北高峰、玉皇山、黄龙洞，杭州四郊的山山水水都留下了我们的足迹。我和陈建功先生都喜欢喝酒，学生中能喝酒的也很多。在送旧迎新的"吃酒会"上，酒酣耳热，陈建功先生放开喉咙唱起绍兴的家乡戏《龙虎斗》，我则用法语高唱《马赛曲》，一闹就到深更半夜。

平时读书，大家又都非常遵守纪律，认真听课，演算习题。当时，数学系大部分课程没用既成的教科书，而是用教师自己的讲义。上课时我口授，学生们则拼命记笔记。我备课时总是考虑如何能让学生做好笔记，常精心设计板书的格式。这种教学方法效果很好。学生们通过板书，容易记忆、理解，对我讲授的内容能够融会贯通。后来他们当老师时，也沿用了这种教学方法，白正国说这方法对他后来的教学和研究起了很大的作用。

与刘鼎元教授合著《计算几何》一书。右为苏步青
（1981年9月　上海）

　　浙大的学生学习勤奋，又富有革命精神，他们敢于同反动势力斗争的精神，更使我感动，因而我也不知不觉地加入到他们的革命行列之中。

　　1935年，国民政府签订卖国的《何梅协定》，出卖冀察，日寇的铁蹄践踏着华北平原。北平学生在中国共产党地下组织领导下，于12月9日举行声势浩大的游行示威，遭到了国民政府的残酷镇压。12月10日，消息传到浙大，全校学生群情激愤。学生们集会声讨国民政府的暴行，通电响应北平学生爱国运动，农学院的学生施尔宜担任学生会主席。

　　第二天，杭州市学生举行示威游行大会，声援北平学生。国民党军警抓走学生代表12人，引发学生冲击铁路的事件。学生们迫使国民党省政府释放被捕学生，并公开道歉。然而学生们刚回校，当时的校长郭任远就贴出了开除施尔宜、杨国华学籍的布告，终于掀起了浙大"驱郭"的高潮。

　　郭任远在浙大兼任军事管理处处长、教务长、文理学院院长。他任意大批开除学生，以法西斯暴力手段破坏学生爱国运动，学生们早已忍无可忍，这次开除学生会正副主席更激起了全校学生的愤怒。学生会组织学生全校罢课，不承认郭任远是浙大校长，要把他驱逐出校。这次斗争得到费巩教授等大部分教职员工的支持。

正在这时，我们数学系的学生卢庆骏，因为打网球与一位体育老师发生纠纷。体育老师仗着自己有后台，向学校施加压力。郭任远又宣布开除卢庆骏。我觉得这事处理不妥，况且卢庆骏只差一个月就要毕业。

我出面保卢庆骏，而校方不肯收回开除的决定。我决定辞职。我写好辞职书，表示如果学校开除卢庆骏，我就辞职。这件事正发生在学生闹风潮时，所以特别显眼。一些学生奔走相告："苏教授要辞职了，我们还上课吗？""不上了！"顿

与卢庆骏一起出席全国政协大会
（1988年　北京）

时风声更紧，迫使学校当局收回了开除的决定。最后达成协议，学校每月给卢庆骏20元，补助一年，并延长一年毕业。后来卢庆骏参加了革命，新中国成立后成为我国一位高级干部，为祖国的核科学建设做出了卓越的贡献。

再说"驱郭"斗争得到社会各界的大力支持，郭任远如丧家之犬，从校长宿舍后门溜走，从此再不敢一人到学校里来。学校瘫痪了，国民政府教育部不得不电告浙大成立临时校务委员会，由郑宗海（代理校长）、李寿恒（工学院院长）和我三人组成临时校务委员会。政府想要我们维持校务工作，但我们仍继续支持学生的正义斗争。

1936年1月22日，蒋介石带了大批宪兵特务来到浙大，把我们三人和施尔宜叫去，指着施尔宜大骂："你是共产党，去过反省院，现在你又捣乱。"施尔宜回答说："这点郑晓沧教务长在场，可以给我证明。"蒋介石自知说话无根据，就改口说："今天我不抓你，你们要下令停止闹风潮，即日复课。"施尔宜说："这是全体同学爱国热情的激发，是大家的事，个人不能决定。"说完就走了。蒋介石又去训学生，郭任远随蒋介石同行。由于学生观点一致，我们几个校务委员会的成员也支持学生，蒋介石气急败坏，大叫要绳之以法，之后偷偷地溜走了。此后学生的大罢课延续了30天，国民政府行政院不得不免去郭任远浙江大学校长职务，"驱郭"斗争取得了胜利。

1936年4月7日，国民政府行政院开会，通过了任命竺可桢为浙江大学校长的决议。

1937年7月7日，日军侵袭卢沟桥，抗日战争爆发。8月13日，日本调集海陆空军进攻上海。8月14日，侵占台湾的日本木更津航空大队首炸杭州。日寇的炸弹在人间天堂里爆炸，美丽的西子湖变成了地狱。

迫于战事，浙江大学一年级新生于9月上旬迁至西天目开学上课，但其余各年级仍在杭州校本部坚持了3个月的教学活动。直至11月，日军在距杭州只有120公里的全公亭登陆，浙大才决定正式搬迁。

正在此时，日本东北帝国大学发来特急电报，再次聘请我去该校任数学教授，各种待遇从优。我没有理会这时的聘请，而是把学校内迁的消息告知夫人，并叫她抓紧做内迁的准备，我则去忙系里的内迁准备工作。

一天，日本驻杭州领事馆的一位官员，找到我的家里，对我夫人说："听说夫人是日本人，不知夫人是否有意到我们领事馆品尝日本饭菜，我们将热情款待。"面对这位说客的引诱拉拢，夫人淡淡地说："很遗憾，我已过惯了中国人的生活，吃惯了中国饭菜，尤其是中国的皮蛋，还有绍兴的豆腐乳……"来人见势不妙，讪讪而去。

　　没过几天，又有人上门来游说："苏先生，您夫人是日本人，日军来了也不会对您怎样，您何必内迁呢？"我听后非常生气，便直率地向来人发问："您想叫我当汉奸吗？"来人见我如此铁心，也就不再多说什么。一阵寒暄之后来人也没趣地溜走了。

　　接下来是一个比较棘手的问题，又是一封特急电报：岳父松本先生病危。岳父要我们夫妇火速去日本仙台见最后一面。家庭亲情与那些政治游说有所不同。我手持电报，沉吟了半晌，这毕竟牵涉到夫人的家庭。我把电报交给夫人，并以相商的口气表示了这样一个态度："现在这个时候，我不能去日本，你去吧，我要留在自己的国家。"

　　"我跟你走！"夫人果断地说。看到夫人如此铁心与我同甘共苦，原先那种犹豫的情绪也烟消云散了。回想起来，夫人刚到中国，生活很不习惯，很讨厌吃腐乳，我就把腐乳的一层皮去掉，加上白糖，后来她就喜欢吃了。日本没皮蛋，慢慢地，她也习惯了皮蛋那种特殊的香味。日本人习惯多洗澡，我请人做了铁桶当浴缸，也满足了她每周洗澡的习惯。现在生活习惯了，然而战争来了，夫人能经受更为艰难的生活考验吗？

　　抗战开始时，国民政府由南京仓促地搬到重庆去。临走时还把他们的嫡系大学——中央大学等，一个一个都搬到安全地区，而对我们这些大学则不闻不问。所以那时的浙大就像无娘的孤儿无人过问。而我们又没有搬家的经验，所以在"搬与不搬"这个问题上意见不一致。校长竺可桢先生是一位学者，遇此情况，真是焦头烂额。最后不得已，他像三国时的刘备那样，带领着全校700多位师生走向建德。

当时只是想暂时避避难，可是到了10月24日，杭州也沦陷了，大家回不去了，于是决定继续西迁。由于不能离开浙江省区过远，所以决定往江西搬。当时，我因孩子多，行动不便，只好在建德乡下避一避，没有及时跟学校走。

浙大搬迁时，竺校长的责任最重，全校的大事都由他决定。可是他在那么忙碌的时候，有一天竟对我说："你夫人是日本人，此行路上一定有人要盘问检查，搞得不好，还有生命危险。"又说，"我已经替你向朱家骅（当时浙江省主席）要来一张手令，规定沿途军警都不得盘问检查。"可见他对待教授是多么细心！这件事使我十分感动。

后来，我从建德送妻儿回温州路过丽水时，汽车站的站长前来检查。他说："如果没看错，你的夫人是日本人，我们应该检查。"我先出示浙大校友、第三战区交通电讯管理局局长赵增珏的介绍信，那站长并不买账。此时，我就把朱家骅的手令出示给他看，他立刻改变了态度，急忙说："那就不需要了。"可见这一纸手令还真管用。

后来，学校又在敌机一路轰炸之中，到达江西吉安、泰和。虽然环境很艰苦，但学校忙于开学、上课、招生，许多教授都随着西迁队伍开展教学。"居人先鸟起，寒日入林时。"那时候，我们这些人都比小鸟起得还早，每天的工作都要干到太阳下山以后，可见当时的校风之好。数学系的张素诚、周慕清、方淑姝等几个学生，就是在泰和毕业的，说明在困难条件下，我们照样可以培养出优秀人才。

南昌失陷后，泰和又保不住了，于是我们只好再向西迁。1938年我们抵达广西境内的宜山。这一年暑假，我回浙江探亲。回来时，因交通不便，到学校时已迟到两个月。这两个月中，敌人的飞机把我们在宜山造的临时简易校舍当作兵营，天天轰炸不止。有一天，他们竟接连丢了108枚炸弹。可是我们全校师生无一伤亡，图书、仪器、设备也无一炸毁，真是天佑我师生也。

后来南宁也吃紧了。我们在宜山住不下去，只好再迁。这一次一下子就迁到了贵州遵义。我在遵义住了7年，一直到抗战结束，才回到杭州。这一次西迁遵义非常重要，要不然在以后的"黔南战争"中，我们浙大会全军覆没，后果不堪设想。

战争年头，不带家眷的浙江大学教师，都尝够了物价波动和邮政不便的苦头。我的夫人和几个孩子都在平阳乡下，回去一次要历经千辛万苦；寄钱回家，钱还未到手，货币已贬值一半。

我是1940年初到达遵义的，数学系设在湄潭县的姜公祠里。有一天，竺校长对我说："你不要等到暑假再回去，将来这条路（指经衡阳回浙江）肯定行不通，现在还勉强可以走，你赶快把家眷接来。"我说："我哪有钱做路费，搬家要许多钱啊！"竺校长好像早已考虑过，忙说："钱不用愁，我们学校替你包下来了。"没两天，竺校长一下子就批给我900块大洋，这在当时是一笔很大的数字啊！

临走前，竺校长还对我说，他已关照浙江大学在沿线管交通的校友，在行路上给予我帮助。1940年4月，我和陈建功先生起程，经鹰潭至兴国，过泰和回温州。沿途很乱，我们跟上一辆到鹰潭运钨矿的矿车到赣州。记起1939年赴宜山路上所作的一首《菩萨蛮》，词中这样写道：

轻车侵晓鹰潭发，

清江时见还时没。

天远路迢迢，

长桥更短桥。

他乡容易别，

千里逢佳节。

况复捷长沙，

明春归看花。

回到家乡，稍事休息和准备，我们即于当年5月从平阳启程。正巧有4位同乡学生要到遵义上大学，听说我要搬家，即表示要同行并给予帮助。这一回大搬家非常艰苦，从温州到柳州，路上走了35天。在柳州休息一周，才买到公路局的车票。

竺校长知道我带了家眷回校，非常高兴。他说："这下子我好放心了。"这样的校长，真把教授当宝贝，我怎能不感动呢？事实上，那一次如无竺校长帮助，我是无论如何出不来的，那也就不会有以后的我了，所以那一次搬家是我终生难忘的。

从那时起，我同竺校长站在了一起，完全一条心。凡是竺校长要我担当的事，我都接受。以后，他要我任理学院院长、教务长、训导长，他离开浙大时要我和严仁赓先生二人负责校务维持会，我都毫不犹豫地接受了。

半敬

半敬向陽地，全家仰菜根。曲渠疏雨水密，棚遠雞豚。豐歉誰能卜，辛勤共爾論隱居，那可及擔月過黃昏。

一九四五年

苏步青诗作

衣服上的几何图形

  在竺可桢校长的关心下，我于1941年暑假回浙江平阳，将妻子和子女接到了贵州湄潭。我们与著名生物学家罗宗洛一家合住在一所破庙里。

  国民党军队节节败退，大片国土沦丧，后方经济崩溃，物价飞涨，大学教授靠工资也难糊口。许多人"弃学经商"去了。我没什么商好做，就买了把锄头，把破庙前的半亩荒地开垦出来，种上了蔬菜。每天下班回来，我就忙于浇水、施肥、松土、除虫。小时候我多少干过农活，所以干起来得心应手，有人说我像个老农。有一次，湄潭街上的菜馆蔬菜断了供应，他们知道我这里有花菜，还要去好几筐。

  一天傍晚，我正在家中翻晒将要霉烂的山芋（地瓜）。竺校长到湄潭县分校视察，特地到我家看望。进了门他便问："搬此物何用？"我说："这是我近几个月来赖以生活的粮食。"我是将山芋蒸熟后蘸盐巴当饭吃的。对于一个八口之家，每月薪金350元，怎够维持生活呢？"那怎么行？"竺校长眉头紧锁，想了半天，说，"你不是有两个儿子在附中念书吗？我让学校给他们饭吃。"儿子拿了竺校长的手书去找附中校长胡家健。胡校长说："可以，就叫他们二人搬进附中来住吧！"因为按规定，公费生必须住进学校。然而我家一时又抽不出两床被褥，所以仍不能享受这一待遇。不久校长知道了，又"特批"两个儿子可以住在家里而同时享受公费待遇。第二年，我又被竺校长作为"部聘教授"上报教育部，并被批准。这以后，我工资增加了一倍，生活困难就全部解决了。

那时，我的烟瘾很大，一天总在50支上下，要不是夫人的限制，还不止这个数字。我听说陈建功先生已戒烟，将信将疑，便向学生打听，证实果然有这回事。我的家境不好，孩子又多，只能靠吃山芋过日子，眼看着"老刀牌"的香烟不断涨价，哪有钱再抽烟呢？有一回我对夫人说："建功先生戒烟了，他比我大9岁都戒，我也戒。"

"早该戒了，下点决心，我来监督你。"

戒烟的前几天，我感到特别难受，好像丢了魂似的，看不进书，手不时摸摸口袋，感到少了什么，坐立不安。夫人见我这般难熬，急中生智，炒了一些花生米，一发现我难受，就抓一把塞到我手里。没想到这一招倒挺管用，一天，两天，十天，我竟顺利地戒掉了烟。

后来，一些青年人知道我以前烟瘾大，竟然戒了，都问我是怎么戒的。我在回忆戒烟一事时，给他们讲了几条："一是没钱抽烟，不得不戒，这是首要的一条。二是戒烟需要有毅力，到了最难受之际，也就是快要成功之时。三是我的学长陈建功先生带头，可以说榜样的力量无穷。四是夫人的花生米，给了我难熬时解馋的办法，也增强了戒烟的信心。"现在，我也劝青少年朋友最好戒烟。

湄潭的艰苦生活给我留下了深刻的印象。那种生活对于今天的青少年来讲，是很难理解的。我的一个小女儿，因营养不良，出世不久就死了。我们把她埋在湄潭的山上，立了一块小小的石碑，上面刻着"苏婴之冢"几个字。我还有一个儿子因为抗战期间从未吃过糖，抗战胜利后第一次吃到白糖，竟惊奇地问我："爸爸，盐怎么会是甜的呢？"

就是在那种困难的环境下，浙江大学的教学、科研活动依然有条不紊地进行着。由于经济上的困难，我们已经多时没添新装。我穿着缀满补丁的衣服走上讲台，每当转身在黑板上画几何图形的时候，学生们常会对着我的后背指指点点："看，苏先生的衣服上三角形、梯形、正方形样样俱全！""看，屁股上还有螺旋曲线！"

晚上，我把一盏烟熏火燎的桐油灯摆在菩萨香案上，看书写作，《射影曲线概论》一书就是在那样的环境中写成的。著作完成后，我最大的希望是能够出版发行，立即流传。但是，当时国民党反动派的教育部，仅仅为了粉饰太平，给了我一笔"奖金"，而劳动成果却被埋藏在政府的公文堆里。后来，我曾托人把这部著作带到美国去，希望能在那里找到出路。不料一位美国同行，竟在借阅该稿时，把我有创造性的见解写到了自己的著作中，而对我的名字只字未提。

环境如此艰苦，我们浙江大学的好学风，仍在这里得到发扬。许多学生对我的严格要求，在一段时间内望而生畏，然而当他们由于我的严格要求在学业上取得成就后，又从内心产生由衷的感激。

那时候数学系有个江西的学生，名叫熊全治，功课在班上算不上太好。有一天夜里，他突然跑到我家里来。我一见他就问："这么晚了，你来干什么？"他吞吞吐吐地说："明天的讨论班由我报告，我怕过不了关，想来请先生……"话还没说完，我就板起面孔说："怎么不早来？临时抱佛脚，还能有个好？"熊全治一听，脸涨得通红，二话没说，立即向我告辞，返回了宿舍。他足足干了一个通宵。他自知老师对此是决不会通融的，只有实干，任何讨巧都是无济于事的。第二天，他所做的报告获得通过。

40多年过去了，熊全治已在美国当了多年教授。他回国探望老师时，曾深情地回忆起这件事，不无感慨地说："多亏苏先生的一顿痛骂，把我给骂醒了，否则，也许不会有我今天的成就。"现在，熊全治还在美国，他曾担任美国里海大学数学系主任，是国际数学杂志《微分几何》的创办人。在我执教65周年暨90岁生日的1991年9月，熊全治特地从美国赶到上海。在一次酒会上，熊全治还为我赋诗一首：

> 科学讨研[①]曾拓荒，
> 满门桃李又芬芳。
> 勋高衣锦众钦仰，
> 仁寿无疆日月长。

回顾自己走过的学习历程，我体会较深的一点就是要及早介入科学研究，使学习和研究有机结合起来。我在研究生阶段就发表论文，可以说是这种思想的一个成果。当了教师

---

①讨研：指讨论班、研究班。

之后，我又坚持教学与研究相结合，不仅出了专著，还用这种方法培养了一批新人。这里，很有必要谈谈我与陈建功先生提出并一贯实行的一种教学形式——小型科学报告会，或称讨论班。

山洞里办学

1931年，在浙江大学数学系，我和陈建功分别主持微分几何和函数论两个讨论班。讨论班每周举行一次，由参加者轮流做报告。做报告者必须事先认真阅读文献，仔细推敲，提出自己的见解。参加讨论的人，也要事前准备意见，在会上提出问题，并就报告人的见解进行讨论。这种讨论班在浙江大学本部时举办过，在西迁的途中也多次举办。至今印象较深的，还是在山洞里举办的那次讨论班。

浙江大学师生西迁途中，时有敌机轰炸，我和大家挑着书箱、行李，跋涉于山水之间。一旦遇有敌机空袭，我们就躲进防空洞。我想学生用于学业的时间太少，对于他们成才不利，就找学校的领导和学生们商量，利用敌机轰炸的时间，在庙宇和山洞内上课。获得校领导同意后，每到一个地方，我们的课堂就搬一个地方，如此接连开课，一直到贵州的湄潭。

有一天，外面又传来敌机空袭的警报，我和4名学生躲进一个山洞。这个山洞，石壁上长着青苔，石缝里冒着水珠，顶上石笋倒悬，地上乱石成堆，不过因阳光的照射，洞里倒显得幽静而明亮。里面有两条板凳，是学生进洞时临时搬来的。

我对学生们说："你们喜欢这里吗？我很喜欢，这里别有洞天。"几个学生听了都笑起来。他们分坐在两条板凳上，对这种新的教学环境感到新奇。我略微发挥地说："以后这里就是我们的数学研究室。山洞虽小，但数学的天地是广阔的。大家要按照确定的研究方向读书，定期来这里报告、讨论……"这4名学生，分别是现在的中国科学院的研究员张素诚，曾任杭州大学数学系主任的白正国，曾任郑州大学数学系主任的吴祖基，还有一位就是熊全治，他的故事前面已经谈到过。

这里还要谈谈白正国的故事。当白正国读四年级时，他参加讨论班，选了微分几何。我指定他读一本德语的微分几何专著。白正国只读过两年德语，这本书的德语和数学都比较难，他花了一个暑假，靠查字典，才读了开头两章。1940年，白正国大学毕业，留校当助教，并在数学研究所进修。

当时，白正国自学没经验，喜欢看大部头的数学书，想以此来加强基础知识。有一次，白正国正在看一本法语版的数学分析书，该书有三大本，他正看第一本。我见了有些心急，对他提了个问题："你这样看下去，要看到什么时候？"这意思就是说要选择与你自己研究有关的章节读。白正国很快领会我的意图，选择射影微分几何作为主攻方向，把主要精力放在精读有关射影曲面论的专著论文上，同时考虑从中找问题写作论文。遇到某方面基础知识不够时，他再根据需要，随时补充学习。

白正国和其他同学在国际性的数学专刊上发表了一系列的优秀论文。白正国很谦虚，写完论文后都要我修改审阅。我

与陈建功教授等合影。右二：苏步青。右三：陈建功
（1938年　宜山文庙前）

发现他的外语基础较差，就指导他先读一本法语专著，再读一系列意大利语写的论文。两三年中，他不但读了法语、意大利语的专著，还读了100多篇意大利语写的论文。

我们当时用讨论班的形式育人，具有不少优点。第一，培养学生严谨的学风。他们必须仔细阅读书籍和文献，在阅读中如发现问题，就推敲到底。第二，养成独立思考的习惯。报告者在阐述自己的学习心得时，必须要有独到之处，这就要求报告者必须深入思考、研究。大家在一起讨论，充分开动脑筋，明辨是非，不同程度地提高了大家分析问题和解决问题的能力。第三，教师在讨论班上可以针对每个报告人的具体情况，进行个别指导。经过讨论、答辩，他们写出的论文就能达到较高的水平。讨论班报告通不过者，不得毕业，这对青年学生无形中有一定压力。

在遵义和湄潭的四五年间，数学研究取得了很大的进展。以熊全治、白正国、张素诚等为主要成员的微分几何小组在我的指导下成立了，并取得研究成果。与此同时，我在微分几何学、射影曲线论两个方面，取得了引人注目的成果。德国著名数学家布拉须凯称我是"东方第一个几何学家"，欧美、日本的数学家称我们从事的微分几何学为"浙大学派"。

笛卡尔说过："数学的结果如果能用几何图形表示出来，它就能深深地印到人们的脑海里去。"微分几何以数学分析为工具研究空间的形式或性质。研究光滑曲线、曲面性质的数学分科，尤其需要微分几何。过去的研究停留在公式推导上，看不出结果的几何构造。著名的数学家陈省身教授在为我的著作《微分几何讲义》一书所写的前言中谈到，苏步青"创建了一个数学几何的学派，培养出了许多优秀的学生"，苏步青"在曲面的仿射和射影微分几何方面的论著卷帙浩繁，并获得过多项漂亮的成果"。

从事数学研究，离不开参考书。浙大早期的参考书只有200多本，期刊只有五六种，没有中国出版的，全是外国版。当时浙江图书馆有两套老的期刊，我就把这两套借来使用。后来他们决定将这两套送给浙大。

西迁途中，我最关心图书的搬运和保管，每到一地，就开箱取出参考书，供大家阅读。一搬迁，又赶快把书装箱启运，从未遗失过。有一年，我当了庚款留学生的考试官，搞到不少外汇，大概有7500多美元。我就用这些钱买了不少杂志，其中有20多套是齐全的，新的期刊达100种。1942年，李约瑟教授到贵州浙大收集材料，问我某一本数学史书有吗，我找给他看，他说居然在山沟里找到了这本书，想不到啊！

1944年11月，当时任英国驻华科学考察团的团长、剑桥大学教授的李约瑟，为参加中国科学社成立30周年科学讨论会，再次来到遵义和湄潭，参观了浙大数学系和理学院。他惊奇地睁大眼睛，连声说："你们这里是东方的剑桥，值得看的东西太多了！"后来，他又写专文介绍他在浙大的所见所闻："在湄潭可以看到科学研究活动一派繁忙紧张的情景……它是中国最好的四所大学之一。"

"香曾灯火下"

香曾灯火下，风雨几黄昏。
护学偏忘己，临危独忆君。
沉冤终已雪，遗恨定长存。
恩德属于党，泪沾碑上文。

这是一首我悼念费巩（字香曾）先生的诗作，写于1979年10月。

1940年是抗日战争形势最严峻的一年。国民政府只管逃命、躲藏，决不抗战，而且对大学生抗日救国运动进行镇压、迫害，教师、学生的物质生活十分困苦。费巩先生就是在当时浙大校长竺可桢先生和同学们的热情邀请、拥护下，当了不支训导长薪俸的训导长。他把节余下来的经费，用到学生物质生活的改善上面，"费巩灯"就是一例。

原来学生照明用的是遵义当地一种简陋的油灯。盛油的是一块陶片。这种植物油在热天是液态，而冷天就会凝结。若用一根灯草点燃，油往往因热量不足而不熔化，因而需要两根以上的灯草才行。这种灯的光自然很暗，再加上居住条件差，风从板壁缝吹进，灯光摇曳不定，直冒浓烟，学生近视人数剧增。

费巩担任训导长后，经常到学生宿舍巡看。他发现灯光太暗，便想到要改良油灯。"开学之后，每人发给以香烟罐改制之简易植物油灯一盏，油量未增，不敷应用，则嘱以自备，或二人合用一盏。共做850盏，自有植物油灯者皆未给。此项油灯所费虽逾千元，然灯光改善，足护目力，此亦有益学子终生，虽费亦值得。"这是费巩先生工作总结报告中所提及的。这充分表明费巩先生对学生的热爱。

然而，时隔半年，竺可桢校长接到国民政府教育部的指令，令其早日物色继任的训导长。尽管学生们一再挽留，竺校长也不愿失去费巩的支持，但是政权在国民党手里，费巩终于被免去训导长的职务。然而嫉恶如仇的费巩，不顾自身安危，以笔当戈，从1944年2月起，撰写多篇文章，抨击国民党统治之腐败。3月又在校内演讲，讥讽时弊，从而引起国民党的严密监视。

1945年1月，费巩和我获准休假1年。他应母校复旦大学（此时已迁往重庆北碚）的邀请前往讲学，我则留在学校搞研究。

据说他去重庆北碚，拟举办"民主与法制"特别讲座，计划以1年时间讲授"英国政府""现代中国政治问题"和"中国政治"3门课。他决定对国民党的腐败政治和工作效率做一番调查，就人事制度做进一步考察，以代替讲稿中的陈旧史实。在重庆期间，费巩接连进出国民政府的交通部、财政部、外交部、考试院等，调查这些机构的腐败实况。各方特务密报了费巩的行踪。

2月7日，费巩欣然在郭沫若起草的文化界《对时局进言》上签名，要求国民党召开党派会议，组织联合政府，取消党治特务，惩治贪污。这篇进言一发表，立即引起很大反响，整个国民党统治区掀起了要求成立联合政府的民主运动。蒋介石坐立不安，要杀一儆百加以镇压。特务们奉命对《对时局进言》签名者进行各种威胁、恐吓、利诱。个别人在国民党特务的压力下，被迫在报上声明"并未参加"。费巩对反动派的卑鄙行为极为气愤，发表文章加以痛斥。这更引起特务们的惊恐，视之为眼中钉。为了争取曙光早日来临，他忘了自己处在虎狼爪牙之下，置生死于度外，更加猛烈地抨击时政，终于遭了国民党反动派的毒手。

这年3月5日凌晨，费巩在重庆千厮门码头搭船去北碚复旦大学，有原浙大学生邵全声送行。当邵去附近取回寄存的行李时，费巩已被国民党绑架而失踪。经多方探询，均无结果。

费巩失踪的消息引起重庆各界的关注。1946年1月周恩来等同志在出席政治协商会议时，曾向国民党提出立即释放叶挺、廖承志、张学良、杨虎城、费巩的要求。国民党对此正义要求，不做交代。新中国成立后经调查，费巩教授遭秘密绑架后，被残酷杀害于歌乐山集中营的镪水池中。1978年9月，上海市革命委员会正式批示："同意追认费巩教授为革命烈士，其家属享受烈属待遇。"

浙大师生当年在遵义湄潭使用的桐油灯

1979年10月30日，经中共中央统战部批准，"费巩烈士纪念会"在浙大隆重召开。由于我将率领教育部派出的大学校长访问团出国访问，已于10月22日到北京集中，未能出席纪念会。我便写了一篇《学习费巩烈士的高贵精神》的小稿，寄给纪念会筹备处，作为书面发言稿。在这篇稿件中，我这样写道：在新中国成立前，我也当过浙大训导长，时间虽然是在天亮前后、国民党反动政府摇摇欲坠的时候，同费巩先生的处境不能比拟，但是，反动派垂死挣扎，气焰还十分嚣张。由于有费巩先生不畏强暴、捍卫真理的精神鼓励我，进步的、勇敢的、锻炼有素的浙大同学，包括一些地下党员帮助我，使我总算尚无大过地渡过了翻天覆地的大关，进入新中国。新中国成立后，我在各个运动阶段中，也面临过各种危难，林彪、"四人帮"横行时期尤其是这样。每次我都想到费巩先生的精神，用它来勉励自己，用共产党员的标准严格要求自己。

　　1945年8月15日，日本帝国主义无条件投降，中国人民伟大的抗日战争宣告胜利结束。

　　一天，国民政府教育部来电，指定浙江大学派三人组成接收团，前往宝岛台湾，从日本人手中接管台北大学。接管台北大学的负责人是浙江大学理学院生物系主任罗宗洛。当时国民政府国防部的陈仪和我挺熟悉，他曾建议说，从日本人手中接管大学，最好派几位留学日本的教授去。罗宗洛打算要我、陈建功、蔡邦华3个人去。他和我们一商量，我们3个人很快就同意了。

　　同年10月中旬，我们3位教授做了安排后，告别校长和亲属便上路了。因交通不便，我们从重庆过三峡，再沿着长江东下，经过18天的艰难旅途，才到达上海。全国各地集拢来的400多位"接收大员"，集中登上一条轮船，开始向台湾的基隆港进发。

　　眼前是一片波涛滚滚的大海，空中海鸥飞翔。我站在甲板上，极目眺望，心里非常兴奋。台湾，自古是中国领土的一部分，荷兰殖民主义者占有她38年，随后日本帝国主义者又来践踏和蹂躏。如今，日寇被打垮了，宝岛台湾也回到祖国的怀抱，想到这些心情自然无比激动。

海上无风也有三尺浪。临近太阳下山，风力加大，船只的颠簸也加重，我们呕吐不止，有时简直要把肚肠都翻出来。饭吃不下、觉睡不着那是常事。经过一昼夜的航行，我们拖着疲乏的身躯，登上了宝岛。南国特有的风光，真是美不胜收，而我们更感兴趣的还是台北大学。

我们先抵达台北。日本原办的台北大学，只有农学院和理学院两个院。接管工作非常认真和细致，我们连家具、账目都一一点过、签收。说来怪可怜的，台北大学的学生只有几十位，教师也寥寥无几。我被任命为理学院代理院长。

12月下旬，接收委员会增加了台湾籍教授人选。我们全体成员从台湾岛的台北出发，进行了一次考察。阿里山的风光，日月潭的碧水，使我激情满怀。每当回忆起这段有意义的日子时，我总会想起台湾的山山水水、一草一木，怀念与我在台湾共事的教授和朋友们。

1946年2月底，我提出回杭州浙江大学工作的要求。我们3位教授在3月9日天气晴朗的早晨，登上了螺旋桨飞机，返回上海，结束了这次接管台北大学的工作。1946年夏，台北大学正式改名为台湾大学，罗宗洛教授任校长。

赴台湾任"接收大员"，我前后写了20多首律诗。从贵州，经三峡，沿途作杂咏15首。在台湾我吃到赤鲷鱼，想起此物用于日本人的婚礼上，也诗兴大发，赋诗一首。离别台湾前夕，以及乘飞机自台北飞往上海之时，亦作了两首诗。现摘录这些诗中的4首于下。

赤鲷

岛国南来食有盈，赤鲷风味最鲜清。
红鳞暗忆桃花涨，巨口应吹柳絮行。
合是登龙夸彩鲤，莫教弹铗怨儒生。
凤凰新侣金盘列，好伴扶桑画烛明。

将别台湾作

蜀云黔雨久离居，草席纸窗三月余。
望隔层楼青椰子，潮生曲水赤鲷鱼。
心悲形役聊从俗，老被人嘲尚读书。
惟有归欤新赋好，宁忘安步可当车。

乘飞机自台北飞沪（2首）

一机起东海，双翼拂烟霞。
过眼乡关隔，回头岛国赊。
云藏青雁荡，雨湿古龙华。
未必无愁思，薄寒江树斜。

不尽河山影，都从足下生。
天开云路阔，翼顺雨丝横。
破浪期他日，乘风快此行。
太虚如可极，稳坐胜长鲸。

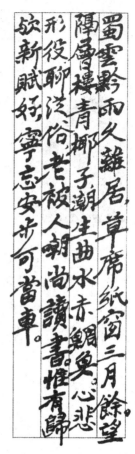

《将别台湾作》

　　1947年春节前夕，家里一贫如洗。那时，我已是国民政府中央研究院的研究员了。每年研究院都寄一些论文请我审阅，但每次都只寄给我12张邮票，这些邮票连寄回论文都不够。家里没有一个佣人，烧菜、洗衣自己操办，连拖地板也是我自己干。

　　春节将至，我正愁着怎样过年，一个温州同乡看到我的艰苦，就对我说，你能不能把讲义拿出来，我帮你介绍到正中书局出版。我没有马上答应。过去我的论文在日本、法国等国著名杂志上都发表过，但出书我却没有思想准备。从同乡的话里可以听出，出版书便可拿到稿酬，但远水能救近火吗？同乡见我举棋不定，忙说，我叫他们预支400元，先过个年，其他的叫他们从优支付。我也没别的主意，就这么定下了。茶过两巡，我便送他上路。

　　第三天，同乡又上门来，一见面，二话没说，就掏出一包纸币，整整400元。看到家里经济拮据，能有一笔现款救急，也是求之不得的事情，我便如数收下。至于整理书稿，哪有心思，总要留到明年再办啰！

过了两天，夫人拿了这笔钱上街买年货。一打听，货币贬值了，原来可以买一斗米的钱，现在只能买两升。问问菜肉的价格，更是令人吃惊。一听到这些消息，我大为光火。一个堂堂的大学教授，竟为全家的生活发愁。我低着头，在屋里走来走去，有气无处发泄。

温州同乡又上门来了。"书局局长问书稿能不能早点送去，好抓紧时间出版。"他一进门就大声嚷道。我一听火就上来了，瞪着眼睛大吼："我还你钱，不写了，不写了！"同乡被搞得丈二和尚摸不着头脑，忙问："这是干吗？我这好心没得好报！"夫人把情况如实讲出。我上前阻拦，说跟他讲有什么用。几分钟的沉默之后，同乡打破僵局，他大概悟出预支稿酬太少："给你再加上200元，明天送来，你看行吗？"为生活所迫，思考再三，只得答应。已经预支了稿酬，就必须着手整理书稿了。

我把从1931年以来16年间的讲稿找出来，对比一看，不禁大吃一惊。原来最初的讲稿内容，只抵得上最后一年讲稿的一半，可见每年删减和补充内容是很多的。学生听我的课，都反映微分几何学内容好懂。其实，为了讲课我花费了不少心血。每一节课，我在课前都要准备3个课时，总要用一些新的材料（包括方法）替代老的，还把自己研究的新成果写进去。我感到提高教材写作的质量特别重要。

在1931年，中国还没有人研究微分几何学。我从日本获得理学博士学位后，回浙江大学任教。当我参阅了英、美、德、法等国的研究成果，培养出一批又一批的学生后，自己也写出了几十篇论文，并在国外一些著名杂志上发表，引起了国际数学家们的关注。1975年，美国数学代表团访华，在他们的访问总结报告中有这样一句话："以苏步青为首的浙江大学微分几何学派消失了。"这恰恰从另一方面反映出这个学派存在的事实。同时，在教学中，我还注意教学法的研究，力求做到深入浅出。正由于我的讲稿有这些优点，1947年著名的数学家陈省身教授看了我的讲稿后，便称赞我的工作很有意义，还为我写《微分几何学》英文介绍，其中谈道：这是一本少有的微分几何学教材，它对培养数学人才将发挥很大的作用。

我的第一本书《微分几何学》，终于在1948年由正中书局出版，这是我唯一一本在旧中国出版的书。这本书有400多页。第一次出版时，它反映了当时微分几何的最新成就，直到今天，书中的一些基本原理仍具有相当高的水平。80年代初期，有几位美籍华裔科学家来上海，从他们那里我得知，他们在台湾岛上学时，曾用我的这本书当教材。新中国成立前，这本书又重印，至今我也不知此书印了多少册。

值得高兴的是，在国家教育委员会1985年召开的教材编审会上，《微分几何学》又一次被评为好教材，决定再次出版。初版书是用文言文写的，所用数学符号也是旧的。再版前，我指定一位理学博士把文言文翻译成白话文，又将旧符号改为现代通用的符号，内容基本不变。这些设想，都已经变为现实。

"于子三运动"

1947年，浙大这所东南著名的高等学府，也处在风雨飘摇之中。国民政府扩大内战，又贪污腐败，弄得民不聊生。我们这些高级教授，单凭微薄工资，也无法维持生计。再加上物价一日三跳，每月起码上涨一倍，逼得我们只能向政府要求补发工资和津贴，以维持起码的生活。我作为浙大教授的代表，受竺可桢校长的委托，到南京要钱、要粮、要布。

10月30日，一个使我非常震惊的消息传到南京：浙大学生会主席于子三在杭州警备司令部监狱中被杀害了。

我知道于子三是一个很好的学生，为人正直，学习努力，成绩优良。他热心为同学服务又很有能力，所以被选为学生会主席。10月26日凌晨他和几个同学被军警逮捕，后被秘密监禁。当时我还在杭州，竺可桢校长和我曾到处打听，才知他们的下落。我们四处奔走营救，那些官员不是互相推诿，就是对被捕的同学加以污蔑。最后，我们获准只能见于子三一面。我和竺校长去监狱探望他，给他一点安慰。当时我们还抱有幻想，希望事情能得到解决，谁知反动派特务这么快就下了毒手。我极为愤慨，以教授会主席名义从南京发电报回浙大：

浙大教授会：

鉴于国民党当局杀害学生会主席于子三同学，为表示哀悼，全校教师停课一天，并求查清惨案真相。

苏步青

1947年10月30日

据说10月30日下午，同学们都集合在广场上。队伍以大幅的于子三烈士遗像和"冤沉何处"的白布条幅为前导，悲痛地穿过街市，沿途还散发《告社会人士书》。反动当局从10月31日起宣布杭州戒严，还进行"于子三畏罪自杀"等歪曲事实的报道。这些更激起了师生的义愤。

教授会召开紧急会议，通过于11月3日罢课一天的决议，并发表抗议宣言，对于子三惨死，提出三点质疑：一、于子三若系用"玻璃自杀"，狱中何来玻璃？二、如确系狱房之玻璃，何以不符合？三、法医检查书所列事实，何以不能自圆其说之甚？此宣言指出当局不能辞其咎者有三：一、治安机关违反法律，迁延时日，不送法院；二、既不移送法院，又监守不谨，致令惨死；三、综考事实，其是否自杀，颇多疑窦，如此"自杀"，则治安机关有草菅人命之嫌。宣言最后要求"彻查其事，使其案情大白，将此事负责人员严加惩处，而申法纪"。

这个决议得到大多数教授的支持，但也有人帮残害学生的反动分子说话。当时国民党的党报《东南日报》刊登了于子三"畏罪自杀"的谎言，胡说于子三是用两块玻璃片自杀的。教授之中的顽固分子用《东南日报》的语调，坚持认为于子三是自杀的，反对罢课的决议。这种论调理所当然地受到驳斥，教授会终于通过了罢课的决议，使悲愤中的学生得到了很大的支持。

据说，学生会主席于子三的进步活动，早已受到国民党特务的秘密监视。10月20日前后，负责监视浙大本部的两个特务学生，在校本部的收发室信袋中，发现了浙大毕业生黄业民、陈建新自上海给于子三、郦伯瑾的一封信。他们拆信后获悉黄、陈将于23日乘车抵杭，参加浙大学生汪敬羞的婚礼，希于、郦到车站迎接。特务学生阅后又将信放回原处，并报告中统局浙江特务室。于子三不知有计，按时到车站迎接黄、陈，并上了由特务装扮成工人驾驶的三轮车，住进了大同旅馆52号。当晚，4人参加完汪敬羞的婚礼后，深夜才回到旅馆。便衣特务早就在他们房间对面窥视动静。至凌晨2时，一部警车在大同旅馆前停下，毫无戒备的于、郦、黄、陈4人一起被押上警车，送至一个秘密监禁点进行审讯，以至于一时找不到他

苏步青在浙江大学护校运动中
(1948年 杭州)

们的踪影。

我从南京回浙大后，便收到特务的恐吓信，但我并不畏惧，理直气壮地支持学生的爱国行动。于子三牺牲后，学生会主席由我的学生谷超豪继任。他把悼念战友文集《踏着血迹前进》送给我看，我同情这些进步运动，更反对国民党反动派迫害学生。

围绕着于子三出殡之事，展开了复杂的谈判斗争。在国民党军警的重压下，第一次出殡发生了流血事件。直到1948年3月14日清晨，第二次出殡才得以进行。清晨，校门外停着3辆校车和2辆无篷卡车。卡车旁站着几十个荷枪实弹的警察，广场上站着数以千计的师生。学生会代表把白纸花分给大家。我和竺可桢校长一起参加了于子三同学的葬礼。

于子三事件震惊全国。我知道这次运动是正义的，心怀深切的同情。我也明白，反动派对付进步学生手段毒辣，我必须尽可能地保护他们。1948年下半年，反动派设立了特种刑事法庭，企图大规模传讯（即逮捕）进步学生。浙大有一位叫陈业荣的同学被列入名单。我以他生肺病为由，出面作保，使其能在学校疗养，免遭反动派逮捕。

　　中国人民解放军辽沈、淮海、平津三大战役的重大胜利，给国民党的反动统治以毁灭性的打击。国民党赖以发动反革命内战的主力基本上被消灭，其反动统治已临近崩溃的绝境，中国人民解放战争即将取得全面的胜利。天快要亮了。

　　浙大师生员工怀着激动的心情，迎接杭州的解放。为了防止国民党反动派在溃逃前捣乱、破坏，广大师生开展了护校运动。

　　从1948年起，浙大相继换了好几位训导长，而每位训导长大都仅做了两个月就下台。有一天，竺校长问我："我聘请你当训导长，怎么样？"我没有马上回答。

　　一般情况下，训导长是国民党镇压学生运动的代言人，且一定要国民党党员才能担任。费巩不是国民党党员，又支持学生的爱国行动，仇恨国民党的反动统治，结果被暗害，且被毁尸灭迹。出任费巩担任过的职务，不能不使人想到费巩的遭遇。再说，前几任反动的训导长，因为镇压学生运动而被赶走，我站在哪一边，不能不慎重考虑。

"现在没有训导长，学校不好弄，你帮个忙，如何？"竺校长知道我同情进步学生，而且已有些名气，国民党不敢对我下手。这时，学校有1000多名学生联名要我当训导长，我知道这是学生对我的信任。9月份，我又当上国民政府中央研究院的院士，国民党和进步学生双方都在争取我。

　　夜晚，我不能入睡，心里盘算着：自己有院士的头衔，又与陈仪省长是老相识，还兼任航空学校的教师，如果把这些有利因素用来保护学生，岂不妙哉？

　　无巧不成书，第二天上午，竺校长也这样对我分析。我们两人不谋而合，这促使我当上了训导长。

　　上任的第一件事，就是在学校大操场建筑护校围墙。因为围墙倒塌，警察、特务常常半夜进校抓人。我发动了数百名学生、工人、教师一起来砌墙，我自己也参加。

国民政府中央研究院首届院士会议合影。前排左四：竺可桢。左五：张元济。右四：胡适。后排左五：陈省身。右一：姜立夫。右二：苏步青（1948年3月　南京）

开工那天上午，我站在卡车上演讲，大意是：我们学校有将近20丈的围墙倒了，万一强盗进来偷抢东西就不得了了。还有，一些人随便进入，也很不安全，你们说，要不要修一道围墙呢？操场上的同学齐声喊：要！我乘势要求大家抓紧时间，把围墙赶快砌起来。演讲结束，我挖了第一铲泥土，围墙施工就开始了。没过三天，围墙就砌起来了。学生有了安全感，警察也不那么容易就能抓到学生了。

淮海战役结束不久，蒋介石眼看无力阻止反动政权的灭亡，宣布"引退"，把职务交给李宗仁代理，自己则退到幕后指挥残局。李宗仁上台后即发表文告，其中提到释放政治犯。竺校长和我即于当天申请保释被捕学生郦伯瑾等5人。1949年1月26日，我和数百名学生到浙江第一监狱，由我出面作保，按了手印，将5名学生保释出狱。学生们还结队游行。

1948年，国民政府就预感末日即将来临，一些要员纷纷开始逃往台湾。当时我正在杭州航空学校执教。国民党中有人提出，要使苏步青不落入共产党手里，就得设法将其孩子一个一个送往台湾，最后再将苏带往台湾就不难了。

我对是否送孩子去台湾犹豫不决，夫人得知后便对我说，最好找陈建功先生商量一下。

初春，我去陈建功先生住处。漫谈之中，我透露自己的子女多，生活困难，想把孩子送几个到台湾哥哥苏步皋先生那里。陈建功先生一听，极力劝阻说："不能去！孩子到台湾，将来可能会落到国民党手里。"我一听，觉得很有道理，便对陈建功先生说："我主意拿定了，不去！"

回到家里，我与夫人达成共识，不送孩子去台湾。那段日子里，她牢牢地看住孩子，不放他们到日本去留学，更警惕国民党将他们弄到台湾。

这时，国民党大造谣言，说什么共产党不要知识分子，不要教授。但是，我和家人已拿定主意，就再不动摇。到了1948年12月，我看到学生经常举行罢课活动，而自己的劝阻用处也不大，便提出辞去训导长的职务。我只任了3个月训导长的职务，我辞职后浙江大学又没有训导长了。

在迎接解放的日子里，进步学生在党组织的领导下，掀起反饥饿、反内战、反迫害的运动。我对这些运动有时同情，有时并不理解。但是对国民党当局迫害学生的恶劣行径，我非常气愤，总是在可能的条件下，尽力保护他们。

1949年春，中共地下党以"中共杭州市工委"的名义，给我送了贺年片，贺年片上有毛泽东同志的署名。我从当时的地下党员、我的学生谷超豪那里得到贺年片后，心里一震，深深地感到共产党对我的信任和期望。到了当年3月，国民党官员开始大批逃跑，他们替我准备好机票，想先把我几个孩子弄到台湾去。我拒绝了这一安排，全家都留在杭州，共同迎接新曙光。

1949年5月，杭州解放了。

学校紧闭的铁门敞开了。我和蜂拥的人群一起，冲出校门，迎接解放军。我简直不相信，这座在国民党匪帮溃逃前变得荒凉死寂的花园城市，刹那间像春天的鸟儿一样欢唱，到处是热情的话语和欢笑的面孔。我内心感受到浓浓的暖意。解放军坐在人行道上，他们自觉遵守不动人民一针一线的纪律，肚子饿了就从背上的粮袋里掏出炒面来吃，态度和蔼可亲，这些都在我的心中留下深刻的印象。

夜晚我回到家里，心里像波涛一样起伏，说不清自己是欢乐，是兴奋，还是烦恼。昏黄的灯光下，我来回踱着步子，我被一个思绪困扰着。

"穷苦人盼共产党如大旱之望云霓，这能够理解。但共产党怎样对待知识分子？况且在旧社会，我还当了3个月的训导长，这……"

想到这里，我不禁打了个寒噤。不能不想啊！家里开门10张嘴，要饭吃呀。辛酸的往事，想起来犹如揭开身上的伤疤，隐隐作痛。抗日战争时期，在所谓的"大后方"，我住在破庙里，吃发霉的地瓜干。抗日战争胜利后，生活反而更没有保障，领到薪水后就拼命踏脚踏车，去挤兑"大头"，或赴米店抢购粮食，不然隔1小时钞票就会贬值……想到这里，我的思绪又回到现实："共产党会怎么样呢？"

> 西风才起日还暖，
>
> 黄叶未飞山已秋。
>
> ··········

我反复吟诵着初秋登玉皇山所赋的这首诗，它寄寓了多么复杂微妙的思绪：秋风才起，日光还暖，但是秋去冬来，暖意可能久长？尽管我周围的一些共产党员一再向我说明共产党对知识分子的政策，但我还是疑信参半。

"苏先生在家吗？"一天，我家屋门外传来生疏但十分亲切的问话声。我连忙迎出去，只见一位身穿褪色军装的解放军同志站在门口。他进门后紧紧地握住我的手，说："谭震林同志（当时浙江省军管会主任）派我来探望你。"

"国民党留下的这副烂摊子，苏先生您是熟悉的。现在是百废待举，事情多得很哪。"这位谭震林同志的代表，军管会交际处处长，与我一见如故，言谈不时被爽朗的笑声打断。

"各项工作要迅速上轨道。学校工作秩序要迅速恢复正常。北京正准备召开全国自然科学联合会，我们想请您也出席会议。"

"要我出席？"我怀疑自己听错了。

"是的，请您出席。"这位同志微笑地看着我，然后又放慢语速说，"苏先生的家庭生活情况我们很了解，这用不着操心。"

"啊——"我凝视着这位解放军同志，脸颊热辣辣的，心里想：共产党真能"礼贤下士"啊！我脸上原先的犹疑神情，一下子烟消云散，心情顿时变得开朗起来。

党对科学家的这种尊重和礼遇，使我深受感动。我的学生谷超豪经常到我家串门，他对我的疑虑总是安慰地说："共产党对教师、医生、工程师都需要，你放心好了！"

有一天，我的另一位学生登门看望我，共叙师生情谊。他也安慰我说，解放了，你应该高兴高兴。

"高兴是高兴，不知能拿到两担米否？"我顺便探问。

"将来六担米都不止！"

我听他这么说，像满足了似的，一下子笑起来。过去生活很艰苦，国民党每月只给两担米，如今能有两担米维持生活，我也就满足了。

6月3日，我果然接到赴北京出席自然科学联合会筹备会的通知。同时接到通知的，还有王淦昌、贝时璋等同志。一路上有解放军护送，沿途都受到特别关照。

这是我第一次赴京开会。北京这座古城显得庄严、幽静，会议筹备组派人带我们游故宫，上北海，尽情地玩耍。7月14日，会议正式开始。

这是难忘的一天。敬爱的周恩来同志在中南海，以统战部部长的身份，为我们十几位科学家斟葡萄美酒。席间杯光酒影，欢声笑语，我体会到了党对知识分子的关怀。

因材施教

　　1950年至1952年，我担任浙江大学校务委员会委员、教务长，行政管理的任务也多起来，但是我的教学和科学研究工作一直没中断过。每学期我要为研究生和教师开设"高等微分几何"课，科研重点放在一般微分几何学上。浙江大学在治学上一向提倡"博学之，审问之，慎思之，明辨之，笃行之"，重视培养学生独立思考的能力，这种实事求是、刻苦钻研的传统，在新中国成立后又有了新的发展。

　　搞科学研究，贵在独立思考，要知道，依靠自己是最可靠的。我在教学上对学生总是严格要求。有的学生一遇到问题就问同学，问老师，这样做很不利于培养独立思考的作风。我的做法是，学生在碰到不懂或难懂的地方时，我要求他先做做看，到了实在做不出的地步，再请教老师。这样虽然一时吃些苦头，但长久下去，效果就显露出来了。

　　在浙江大学任教期间，我对谷超豪进行严格训练。谷超豪是1943年出于对我的仰慕报考浙江大学数学系的。从1946年开始，我直接教他学习专业。谷超豪接受能力强，思维敏锐，理解问题的深度往往超出我的设想。我把他作为重点对象培养。为了扩大谷超豪的知识面，我准许他除参加微分几何讨论班外，还去参加陈建功先生主持的函数论讨论班。

一天，谷超豪要求参加我主持的专题讨论班，我没有马上答应。过了几天，我把一篇数学论文交给谷超豪，要他在一个月以内读懂。谷超豪满不在乎地接受了。后来他才知道这是一块硬骨头。他回去打开文章一看，不禁额头上冒出了冷汗。这篇文章好像是一幅没有文字说明的地图，不花心血和汗水，是不会知道路在地图的哪一头的。我之所以这样做，主要是考验他的毅力，看看他在科学的道路上究竟甘愿付出几分辛劳。

经过一段艰苦的研究，谷超豪终于给了我一个满意的回答。后来谷超豪在数学研究上取得了重大成果，成为中国科学院的院士。

我培养的另一位学生胡和生，也是中国科学院的院士，她是谷超豪的夫人。50年代初，胡和生当了我的研究生。她是一位有才能的女学生，我很看重她。有一天，我把《黎曼空间曲面论》交给胡和生，要她把这本书读懂，并规定她每星期报告一次。

这本书是德国一位著名的数学家编著的，内容高深难懂。胡和生拿着它，对照德汉词典一页一页地阅读。一次，为了准备报告，她一直读书到天色微明，才和衣倒在床上。她想合一合眼再去教室，谁知由于过度疲劳，竟睡着了。我在教室里左等右等，不见胡和生来报告读书心得，就气呼呼地冲到她的宿舍，使劲地敲门。不一会儿，只见胡和生出来开门，见我站在门外，以严厉的目光审视她。她知道自己误了报告的时间，羞容满面。这时，我却怒容消失，没有批评她一句话。因为从还亮着的灯光，我看出她又干了个通宵。另外，从摊开的书和笔记本上，也证明胡和生已做了充分的准备。不过，我也没有宽容她，而是叫她马上收拾书本、资料，和我一起赶到教室，按计划报告她的论文。

严格要求学生，更要严格要求自己，因为我是当老师的。这时我将近50岁。为了掌握更多的外国数学资料，我对外语的学习抓得很紧。随着形势发展的需要，我还不断学习新的语种。在日本留学时，我攻读日语，日语成为我的第一外语，我很熟练。随后，我又学了英语、法语、德语和意大利语。以往我曾用这些外语写作论文，投寄到许多国家发表。但是，新中国成立初期我国学习苏联，许多教科书都是俄语的，浙江大学和许多大学的数学教学受到很大影响。学生们盼望能有中文教科书。

从这时开始，我又抽出时间学习俄语。50岁的人学外语，困难是可想而知的，但我还是通过查词典，掌握了许多俄语词句。我应用自己的专业知识，硬是把《解析几何》《几何基础》这两本俄文版的教科书，翻译成了中文，为许多学校解了燃眉之急。在不到两年的时间内，我掌握了俄语这门外语。

作为教师，能否做到"因材施教"，可以看出其教学经验是否深厚。学生程度不一，接受能力有差别，因此必须重视"因材施教"。

1951年，我为浙大的一批教师和研究生开设"黎曼几何"课，用的是法国著名数学家嘉当的著作。我曾经把这本书全部译出来，编写成教材，但效果不理想，学生中只有两三人能够跟上。是听讲者无才、无恒心吗？不是。我后来分析了原因，认为问题主要还是在于自己对学生的情况知之不详，对这本书的难度估计不足。学生们觉得这本书太难，引不起他们的兴趣。从那以后，我就争取主动同学生多接触，从各方面多了解学生的实际，并选择适合他们需要的教材进行教学。后来，我开过的"仿射联络空间""外微分形式论""几何学基础"等课程，学生反映都很好，都说收益很大。

离开浙大到复旦

就在我深入科学研究、开展研究生教学的时候，传来了全国高等学校院系调整的消息。根据有关部署，浙江大学数学系的人员分了流，我与两位研究生合并至上海复旦大学。

自从1931年从日本学成归国，头一站就是浙江大学，现在要离开工作生活了21年的浙大，心里真是依依不舍。记得走的那天，领导请我们喝酒，待喝得几分醉时，便连哄带拉地将我们送上火车。上海方面早有安排，陈望道校长非常看重我们，给予了热情接待。

但是，我思想上还存有疙瘩。寄寓自己深厚感情、富有传统的浙大数学系，特别是自己的那一摊家当，竟要被合并掉，我总想不通。上级做出这样的决定，是否掌握了高等学校的特点？我一脸愁云，不住地摇头叹息。过去教授与教授之间为争一名学生，常常闹得面红耳赤，长期失和，现在又搞并校，问题可能会加大，我实在无法理解。

在复旦大学党委的帮助下，在事实面前，我渐渐想通了。可不是吗？仅过了一年，情形就起了变化。一些优秀教师又参加我主持的讨论班了。四年级学生成批成批地来听我开设的专门课程。复旦以浙大意想不到的速度，建立起了新的微分几何教学和科研基地。

面对着许多有才干的学生，我感到无比兴奋，"毕生事业一教鞭"，能教出好学生，这比做什么都高兴。然而，我也发现有些学生表现出骄傲自满的情绪。我认为有所发现是令人兴奋的，因为这是经过长时间考虑、研究的成果，但是对此绝不可估价过高。有一天，我向几位自以为是的学生讲了这样一个故事：

过去有一位叫鲍约的人，发现了"非欧几何"。他得意忘形地写信给父亲说他发现了一个新世界。但后来他听说有一个叫高斯的人曾写信给父亲，说：他早就知道"非欧几何"，

参加以政务院副总理郭沫若为团长的中日科学代表团赴日进行学术考察，图为在日本般若院。右三：郭沫若。右一：苏步青（1955年12月）

只是暂不愿发表。鲍约听后，终身不搞研究了……

我对同学们说，终身不搞研究并不可取。我讲这个故事，无非是想告诉大家，在研究数学时，不要骄傲，而应该谦虚谨慎，绝不可认为老子天下第一，只有我才能创造发明。17世纪的牛顿是一位伟大的科学家，但他只把自己称之为海边拾贝壳的孩童，尚未发现真理的大海。后来，爱因斯坦发明了相对论，解释了牛顿理论中不能解释的问题，拓展了牛顿的思想。过了一段时间，相对论又被现代理论物理所代替。这告诉我们，科学研究是无止境的，必须谦虚谨慎。

在科学研究方面，我开始向微分几何领域的深度和广度进军。1956年，我获得新中国第一次颁发的国家科学奖，这是嘉奖我在"K展空间微分几何学"方面的研究成果，同时也奖励我多年来在"一般量度空间几何学"和"射影空间曲面微分几何学"方面的工作。"K展空间"是40年代出现的一个新研究方向，第一个研究它的是美国数学家、菲尔兹奖获得者道格拉斯。那是在抗战胜利前夕，我从一卷显微镜胶片中了解到这一新成就，立即全力以赴地投入广义空间的探讨。1945年我发表了这方面的第一篇论文，发展了"K展空间"的理论，并纠正了道格拉斯的一个错误。1950年以后，我又连续完成了10多篇论文，在国际上产生一定影响。

1988年，我回想起自1952年高校院系调整后，我由杭州来复旦，一转眼已过了36年。我突生感慨，作诗一首：

　　忆昔杭申辗转秋，苍颜衰鬓旧衫裘。

　　初哼俄语常侵夜，爱读洋书不说愁。

　　半百年华充壮岁，三千学子共优游。

　　如今报国心犹在，改革光辉照白头。

1956年10月4日起，我开始了80天东欧讲学和访问的旅途生活。

早上7时，飞机离开北京西苑机场，我一心只想看长城，把临走前出过国的朋友对我的"在机上争取睡觉"的忠告忘在脑后。飞机开得很稳。下午4时，飞机在贝加尔湖畔的大城市伊尔库茨克的飞机场降落。初次去欧洲的我，对在飞机上看到的风景很感稀奇。尤其是在一天之中飞到那么遥远的地方，使我顿时产生了乡愁。晚上，在旅馆休息的3个多小时里，我作起诗来：

朝别京师向北行，却从机上望长城。

平沙遥接塞疆合，巨邑独临湖水清。

畴昔天涯今咫尺，眼前云树半秋声。

凉风吹澈晴空暮，唤起相思万里情。

这次出访，主要是参加保加利亚的数学会。会期共4天。

10月10日上午，保加利亚数学院士奥伯勒什可夫报告保加利亚数学的发展与现状，各国首席代表致祝词。11日上午大会宣读论文，每人45分钟，主要是外国代表报告。苏联代表索伯列夫院士宣读关于微分几何方程论的论文。我是第2位，宣读了面积空间几何学论文。这次大会共宣读了66篇论文，其中19篇是外国代表的。

在会议休息的日子里，生活翻译田采娃夫人做导游，我们绕道大使馆，邀文化专员王一达同志一同前往维多山国立公园。那些天天气晴和，公园里满山红叶，游人如织，我们玩得很开心。回大使馆后，在王专员家吃晚饭，这是我离开祖国后的第一餐中国饭，红烧肉和青梅酒使我的思乡之情更加难抑。

10月23日上午离开保加利亚，下午4时抵达柏林。30日我在洪堡大学数学研究所的一个教室里讲学，内容是K展空间几何学的新发展。有教授、讲师及研究生共五六十人听讲，我用英语讲演，不用翻译。

"我为执行中德文化合作协定来到贵国，感到无上光荣。从数学史来看，德国一直是领导世界数学的先锋。贵校走廊两旁所挂着的数学家肖像没有一位不是我们数学工作者所熟悉的人物，我要利用这次很难得的机会向各位学习，并且为中德两国的学术文化交流尽最大的努力。……"我的讲演历时一个半小时。11月2日，我又在洪堡大学做了题为"具有面积测度的空间几何学"的讲演。

11月5日上午，我访问了德累斯顿高等工科大学，由数学系列曼教授带领参观即将完工的一台电子计算机，我顺便也了解了教师和学生的学习情况。下午5时至7时，我在这里再次讲学。

11月10日上午我到卡尔·马克思大学，数学系主任爱·霍尔达教授出来迎接，这是出国以来第一次碰到的事情，因为德国教授一般都不迎送客人的。休息室里我还碰到了凯拉院士和谢弗教授。

11时15分至下午1时我讲演"具有面积测度的空间几何学"，霍尔达院士时常起身替我译成德文向听众解释。这里有3位中国留学研究生，其中两位是我过去的学生。他们来访做长夜谈，从他们的口里我听到许多关于德国大学教学和科研的情况。这里的大学比较大，名教授也多。霍尔达和凯拉，一位专门研究物理数学，另一位则是以"凯拉流形"著名的数学家。凯拉教授掌握英、法、俄、意四国语言，并能阅读梵文和中文，听说他喜欢文学与哲学，还能歌善舞，同我这个一无所能的人相比，真有天渊之别了。

苏步青赴罗马尼亚讲学。左一：苏步青（1956年　罗马尼亚）

11月18日上午10时我们又出发，目的地是离莱比锡约有500公里的斯特拉尔逊城。沿途微雨轻寒，路旁红叶铺满草径，野外还有一些绿色菜叶隐映于林隙之间，据说是喂牛马的大萝卜。下午3时到达小镇吃午饭。此时天气转晴，东边斜日显出金黄色，西边圆月初升，日月同时照耀波罗的海，风景绝佳。5时进国营波罗的海饭店休息。忽忆前月此时身居黑海畔，今宵明月又圆，想必是阴历十月半了，颇有思家之意。记起叔原[①]词中"初将明月比佳期，长向月圆时候，望人归"的

与罗马尼亚数学家
弗朗齐亚努院士合影
（1957年　上海）

―――――――――――

①叔原：北宋词人晏幾道，字叔原，号小山，著有《小山词》一卷。

句子，填了《浣溪沙》一阕：

> 南北骋驰公路平，
> 暮林寒日照孤城，
> 霞光塔影一时生。
>
> 为作家书千百语，
> 不辞灯火两三更，
> 高楼夜舞管弦声。

11月22日下午，我到格赖夫斯瓦尔德大学数学系演讲"K展几何学中的几个问题"。12月11日，我又到洪堡大学，做了新中国数学的发展与现状的演讲，参加者有200多人。他们提问题很热烈，我一一做了答复，由使馆人员翻译。演讲会直到晚上7时半才告结束。

12月15日上午9时，我乘飞机离开柏林回国。正是：

> 上界云间，独见机呈翡翠色；
> 东欧道上，更无人唱鹧鸪天。

在动乱年代里

　　1966年8月，一场灾难突然降临。什么"牛鬼蛇神""反动权威"的帽子，一顶顶地套到了我的头上。大字报一张接一张，批斗会也接连不断。开始我感到莫名其妙，后来一想，以往搞数学研究，是有脱离实际的地方，进行"斗私批修"也未尝不可。

　　随着"攻势"的不断增强，我又被打成"特务"。在接到"通令"后，我带上被头铺盖，被关进了学生宿舍的一个单人房间里，开始了写检查和交代的日子。这一写写了4个月。

　　离开夫人4个月，感觉比4年还久。一天，关于毛泽东同志表示周谷城、苏步青等8位著名人士可以免于禁闭的消息传来，我被通知可以回家。我迫不及待地冲回家去，一看夫人一头青丝变成银发一片，我惊呆了。夫人还像以往一样，自然地问道："再不用去了吧？"看得出，夫人不想用悲伤的情绪给我更多的刺激。

　　我深知，在自己被关禁闭的日子里，夫人不知承担了多少艰辛。那时我能交出的工资很少，家庭生活很困难。这些问题，夫人都是自己想方设法克服的。后来大女儿知道了家里的实情，才不时寄些钱来接济。夫人总是劝慰我，一切都会好起来的，先生要看得远一点。

待我冷静想一想批判会都批些什么，才感到不可理解。他们把大字报贴到我的学生门上，说她是"白专人才"。无论是学生还是我本人，这都是不能忍受的。最使我痛心的是，数学研究所被强行贴上封条，被称为"十八罗汉"的科研人员，改行的改行，下放的下放，调系的调系。我多年花费心血筹办起来的一个研究所，被弄得七零八落，这种打击是十分沉重的。

到了1969年秋天，所谓的"九五"行动卷到我的家。据说是查什么电台、发报机，这些都是能置人于死地的特大罪证。抄家时，查抄者看到我1956年制订的12年规划的资料，就说我是泄密，其实这些规划政府早都公开印发了。查抄者从书架上取走一本杂志，还有我发表的论文合订本。3天后我被找去讯问，要我交代问题。我检讨以往有脱离实际搞科研的问题，他们根本不感兴趣，要我拣要害问题交代。我想关也关了，批也批了，还能有更多更严重的问题吗？突然，讯问者亮出一本日本数学杂志，要我把里通外国的罪行交代清楚。

原来，这是一本美国数学家编辑的《微分几何杂志》创刊号，我的学生熊全治就是编辑之一。该书的编辑部设在美国，却在日本出版，而我是留学日本的，所以"里通外国"证据就确凿无疑了。在那时，我纵有七嘴八舌，也无法申辩清楚。后来在"复查"这事时，还颇费了一番精力调查呢！这事给我的印象太深，所以才有这样的诗句：

幼爱聊斋听说书，长经世故渐生疏。

老来尝尽风霜味，始信人间有鬼狐。

批判归批判，书还是要读的。到了1972年10月，我已经稍微自由些了，学校也开始"复课闹革命"，然而我还是不能搞老本行，只是有时间看书了。外国的数学朋友每寄来一本新书，我就如饥似渴地研读起来，还做些笔记。我一点也不声张，别人当然不知道，后来一算，笔记竟也有10万多字。这些资料对我后来的研究和指导研究生学习，都有很大的帮助。

有一天，有人找上门来，说日文现在蛮吃香，要我教他们日文。我想能为教学做点事也好，我这个人反正也闲不住。不过我也有顾虑：一个被批判的对象，重新登上讲台，会不会是翘尾巴？听课的人会不会受牵连？出乎意料的是，上日语课时，课堂爆满，大家听说留学日本多年的我亲自讲日语课，都想来听听。开始学校安排的是小教室，但人多坐不下，我也进不去，只好换了一个大教室。每次听我讲课的有200多人。听课者不仅有数学系的教师，还有其他系的教师。其中有几位后来升为副教授，他们对听我的课记忆犹新，挺感谢我的。

1972年夏天，"四人帮"借批判周培源提倡基础理论研究为名，把矛头指向周总理，学术界也刮起一阵批判理论研究的妖风。坚持基础理论研究的同志，被指责为搞"翻案""复辟"，使一批研究者处于不知所措的境地。

有一天，研究抽象代数学的许永华悄悄地告诉我，他正在搞抽象代数，看这种气候，不想搞了。他说："即使搞出来，也难于发表，您看如何？"我由于挨过批判，知道其滋味，所以有些犹豫。公开支持吧，会立即再遭迫害；不支持吧，这又是正常科研，于心不忍。我就悄悄地对他说："他们批'理论风'，让他们去批吧！你搞你的研究，有空的话，就到我家走走。"那时，我虽然受到监视，但还是有不少学生到我家串门，许永华便是其中之一。白天，他被迫去搞什么"供批判用"的数学资料，晚上照常研究他的抽象代数，一有成果就送给我看。他每次送来稿子我都抓紧时间看。看完后又拿着手电筒，摸黑送稿子到许永华家。我支持他继续研究，后来他终于取得成就。他提出一个定理，被国际数学界称为"许—托曼那加定理"，还撰写出20多万字的论文。

1984年12月3日苏步青在苏家客厅接见两位教授。右起：苏步青教授，托曼那加教授，许永华教授

数学的运用

　　在关禁闭、挨批斗之后，1972年，我这个70岁的老人，还要每天早晨5点钟起床，挤上挤下换3部电车、汽车，用1个多小时的时间，从大上海的北郊区，赶到南边的江南造船厂，去接受"批判""改造"和"再教育"。

　　有一回，厂里的某些头头，根据上头的指令，召开万人大会，要把我"批倒批臭"。会议主持者找来一块马口铁和一把铁皮剪刀，叫我当着全厂工人的面，用这块铁皮做一只铁桶。看这种架势，如果我做不出来，就说明我这个大教授只不过是一个大草包、大饭桶！我搞的微分几何也就成了伪科学。当时气氛挺紧张。

　　对于搞基础理论研究的我来说，做这件事当然处于劣势。在这样的场合，即使你有雄辩之才，也无济于事。我闷声不响，那些人以为自己胜利了，纷纷告退。可是工人们却对我感兴趣。休息时，我和工人一起睡板凳，一起聊天，他们就围着我问当年出国留学的事，怎样娶日本夫人、外国的风土人情等等。在那个动乱的年代，我怎能如实回答呢？但是对如此热情的工人们，我也不能置之不理，于是就讲了一个故事。

在德国访问时，一位数学家陪我外出参观，公共汽车快到站了，他突然对我说：我出道题目考考您，请在下车前告诉我答案。他出的题目是这样的：AB两人，从两地相向而行。两地相距100里。A每小时走6里，B每小时走4里。A带着一条狗。狗每小时走10里，同A一起出发，碰到B朝A走，碰到A再朝B走，碰到B再朝A走……问A、B相遇时狗走了多少里？

刚刚出完题，那位数学家就急着要我回答。其实，这是一个很简单的问题，他要在人多的电车里，眼看就要到站下车时考我，是想试探一下我的脑子灵敏不灵敏。我故意敷衍一下

在江南造船厂计算机房讨论船体放样（1977年7月）
左起：忻元龙、苏步青、舒五昌、刘鼎

说："你不要太急呀！我是外国人，到你们国家来，大脑比较紧张。"

就在快下车的时候，我讲了答案，狗走了100里。数学的问题就是这么回事，简单的问题，稍微有点转弯，给你一个错觉，只要仔细想一下，就能很快解决。狗不断地跑，从出发的时候起，直到A、B相会为止，一直在跑，跑了10小时，它每小时跑10里，10个小时就是100里。

后来，工人、技术员并不满足于听故事，有人提出能不能给他们讲讲数学。这正是我的专长，我便一口答应下来。我利用工人们休息的时间，分几次上了16个小时的微分几何课。多年的教学经验告诉我，工人们没听懂。一打听才知道他们更急于学一点实用的东西。这么多年来我一直都搞纯粹数学，一下子要转到实用上来很难。但是，思考再三，我认为这个转变是非常必要的，而且还得抓紧。

一天，我和青年教师忻元龙、华宣积与工人们一起到船体放样车间参观，了解到造一艘200米长的轮船，就得在地上画出切割线，不仅少慢差费，而且耗费体力。我被工人们辛勤劳动的热情所感动，想到能不能用先进的科学技术，为他们减轻劳动强度，提高工作效率。于是，我就到数学系资料室，查阅了美国的有关资料，并将4篇重要论文翻译成中文，编了《样条拟合译文选》，为"计算机辅助几何设计"的发展开了个头。后来，我撰写的三篇参数曲线的论文，将几何不变量理论用到实际中去，取得了成功。

船体放样的关键问题是船舶的线性光顺问题。船舶就相当于人体的鼻子，一艘万吨轮的船舶就有35吨重，怎样才能用电子计算机设计出它的数学模型呢？这里还得讲一点有关曲线的数学知识。

船体放样中的数学模型，主要是曲线的拟合和光顺问题。曲线可看成由无数个点组成，曲线上若干个点可决定一个数学方程，从这个方程通过计算机就可找出曲线上足够多的点来。如果所得到的曲线有多余的拐点，就显得凹凸不光顺。

工人、技术员根据自己的实践经验，对曲线某些部分进行修改，另编程序，再次上机，这样常常要反复七八次。我则从理论上提出数学条件来判别有无多余的拐点。如有，则设计出一种方案来消灭这些拐点，通过绘图机，就可以画出光顺而符合要求的曲线，或者用数控机并经过切割机，直接按大小比例切出预定的形状。一句话，在船体放样上，我主要是用数学公式来检验船艏是否光顺，并在发生问题时提出解决办法。这项科研成果，在全国科学大会上，荣获重大科技成果奖。

与复旦大学教师华宣积（左二）、江南造船厂工人技术人员顾灵通（右一）
等在一起（1997年 上海）

在这项工作的基础上，我和一位学生把代数曲线论中的仿射不变量方法首创性地引入计算几何学科。经过几年的努力，我们在数学放样的基础上，把工作扩大到一个"计算机辅助船体建造系统"，包括数学放样、外板展开、结构展开、几何语言、钢板套料、数控冷弯、数控切割等功能模块。这个系统的应用，缩短了船体建造的周期，提高了船体建造的质量，节省了材料和工时。我国造船工业迅速发展，产品供不应求，大批船只进入国际市场。船体建造系统的应用，对此起了积极的作用。1997年9月10日教师节，当年在江南造船厂与我一起进行船体数学放样的顾灵通等3位老师傅，特地到华东医院来向我庆贺95岁生日，交谈中勾起了这段令我难忘的回忆。

　　从江南造船厂返校后，仍不能上讲台教书。日本朋友茅诚司先生春节期间函邀我夫妇去日本一游，也受到阻挠，"多梦知长夜，无书忆旧游"。我心情闷闷不乐。

　　1974年，那时学校里招收的是"工农兵学员"。自然辩证法专业74级开设几何学，我得到通知，要为学生们上几何学课。为这个班开课的还有金炳华，他讲授欧哲史；陈珪如，讲授马列经典；倪光炯，讲授物理学；谷超豪，讲授数学，实力很雄厚。

　　因为这是被赶下神圣讲台之后第一次上课，心情非常激动，我早早就到教室门口等候。那时我的头发灰中带白，身穿灰白色的中山装，脚上穿一双塑料凉鞋。第二节课刚下课，我就急步迈进教室问道："你们是74级自然辩证法专业吧？"学生点头称是，我即露出了宽心的微笑。可是有的学生却向我投来疑惑的眼光，好似在说，哪来的家长？既然找到班级，怎么不找自己的孩子？上课铃响后，我健步跨上讲台，他们一下子呆住了，原来我是他们的任课老师。

　　教了几十年的几何学，对我来说真是驾轻就熟。我手里拿着一本跟学生一样版本的教科书，可是我并不必看。几十年形成的教学习惯，开始上课时我总是不看同学，而是看着后排无人的座位，连续不断地讲课。讲到重点时，我便放慢速度，然后将目光停留在同学们的脸上，从他们的表情中我可以看出他们听懂了没有，并据此调整讲课的速度。每当看到学生听懂了，入迷了，我便会微笑一下。课后，有学生对我说："看到老师微笑，我们却不敢笑，也不知您为什么笑。有时，抽象的解析几何原理和公式，被您讲得十分形象、精彩，简明易懂。"那时，对学生的赞扬，我也没多想，不过心里总算得到一丝安慰。

作为一位教师，当然有许多行之有效的教学方法，特别是数学，从定义到定义，学生听了就会想睡觉。于是我上课，有时似乎在跟小朋友讲大灰狼的故事，生动而有趣；有时又给他们回忆

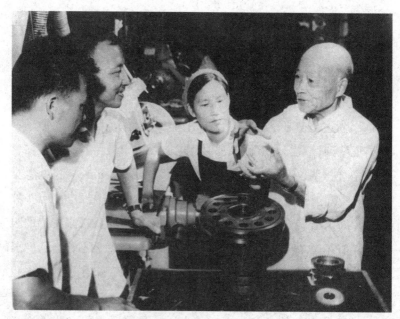

苏步青在上海工具厂齿轮刀具车间与工人一起（1975年 上海）

当年自己学几何的情景，引起同学们的注意。譬如我曾告诉学生们，圆嘛，就是跟中心一点同样距离的封闭轨迹。现在教圆比较麻烦，还要带教具圆规。我学圆时，老师把辫子中段往黑板上一摁，另一只手拉直辫梢夹着粉笔兜一圈，就成了，画大圆小圆都十分简便。学生听了哄堂大笑，都竖起耳朵来听。

教数学的人，对数字特别敏感，如记门牌号、记电话号码都有一些特殊的方法，长久不会忘记。在讲圆周率时，我就跟学生讲授了一个好记的方法。圆周率是中国最早发现的，魏晋的刘徽把圆周率精确到3.1416，南北朝的祖冲之推算出圆周率为355/113，比欧洲发现同样精确率早了1000多年。这个数你们能记住吗？其实最好记了，只要把1、3、5这三个数字写成"113355"，再一分为二，成为"113"和"355"，将它们前后分置下和上，就成了圆周率的分数。学生听后都称好，原来头脑中像糨糊一堆的分数，经过点拨，就一辈子也忘不了了。

在教椭圆时，我以太阳系行星做比喻，让学生有一个形象的理解。我在课堂上讲：譬如哈雷彗星的一个焦点是太阳，76年运行一圈，最近的一次靠近地球将是1986年，还有12年，你们都能看见，我已经72岁了，看不到了。我也很想看一次，不过，那时84岁了，不行，没那福分了。下课时，学生围过来，七嘴八舌地大叫："您能看到，您一定能看到！"现在回想，1986年那次哈雷彗星我还特地到佘山天文台去看了。距那时，又过了12年，当年听过我上课的学生顾家柱，还清楚地记得我上课的那一幕，我真要感谢他给予我的良好祝愿。

课间休息时，我坐到学生中间。那时工农兵学员都见过世面，稳重不够，调皮有余，跟我耍嘴皮。好在那时我思维还算敏捷，你一言我一语，也算是逗着乐。有学生劈头就问："听说你现在的水平还不如你的学生谷超豪老师，他的名气比你大多了。"我是非常喜欢我的学生谷超豪的，而谷超豪也在某些方面超过我。但在那场合，为了教育学生，我先是脸一板，马上出击："哎，怎么能这样说，我的水平当然比谷老师高，我教出一个名气比我还响的学生，他有吗？"我这么一说，学生们怎么也没料到，70多岁的人还这么厉害，个个目瞪口呆，语无伦次。他们原想将我一军，看看热闹，反而被我闷宫将。机灵的学生马上转换话题问道："听说您见过毛主席？"我一听这是我的强项，可以慢悠悠地道来，同时也是一个教育学生的机会："是毛主席接见我，接见过4次。主席对数学十分关心，要我们超过世界先进水平。赶先进，首先要打好基础。你们的基础实在太差了！毛主席说要好好学习，天天向上，你们应该努力学习，国家需要大量有知识的青年。"

学生们事后议论说："在那宁要社会主义的草，不要资本主义的苗的年头，苏老这些随口漫谈，看似用意不深，但每句话都力透纸背，可谓语重心长！"对我来说，这只是一种责任感，那时还想不到这么多呢！

向大学生讲述自己的奋斗人生（1995年　上海）

　　1977年8月初，邓小平同志邀请全国30位科学家、教育家到北京座谈科技、教育工作，我很荣幸获得请柬，立即飞赴北京。

　　从首都机场到民族饭店的汽车里，教育部前来迎接的一位负责人对我说："座谈会计划开5天，小平同志亲自主持，请您准备发言。"

　　我想，小平同志亲自抓科技、教育，这两个"重灾区"翻身有望了。我马上兴奋地说："发言，当然要发，而且一定要发！"十年浩劫，我把自己的痛苦和忧虑深深地埋在心底，我的许多计划和建议都被束之高阁。现在是时候了，我可以统统说出来，让领导同志了解，也好做个决策。直到躺在民族饭店5楼的卧室里，我还处在亢奋之中，北京站的大钟敲过12响，还没有一点睡意。

　　第二天，明亮的阳光透过高大的玻璃窗照进人民大会堂台湾厅，两排红丝绒沙发上坐着来自全国各地的30位科学家、教育家。我们都希望小平同志对科教战线的工作给予更多的指示，小平同志却谦虚地说："这次召开科学和教育工作座谈会，主要是想听听大家的意见，向大家学习。外行管内行，总得要学才行。我自告奋勇管科技方面的工作，中央也同意了。这两条战线怎么搞，请大家发表意见。"

我听到小平同志要求大家发表意见，便第一个发言。我强烈要求推翻教育战线错误的"两个估计"，实事求是地估计教育战线在新中国成立以后17年的成绩和知识分子的现状。我建议恢复和重建被林彪、"四人帮"反革命集团破坏的科研、教学队伍，让离队的科研、教学骨干归队，把停顿多年的科研、教学活动迅速开展起来。我还提议恢复大学招生考试制度和研究生培养制度，为四化建设培养各行各业的大量专门人

邓小平接见苏步青（1991年2月　上海）

才。最后，我还建议改进学术刊物的印刷出版工作，使科研人员的研究论文及时发表，广泛交流，以促进科学研究水平的不断提高。

我的这些建议，都得到小平同志的热情支持。我谈到有60多位爱好数学的青年给我寄来论文，请求审阅，其中有14人很有数学才能，可以作为研究生培养时，小平同志立即对教育部的负责同志说："你通知这14位青年，让他们到苏步青同志那里考研究生，来回路费由国家负担。"

我又谈到复旦大学数学研究所过去有18位科研骨干，被称为"十八罗汉"，至今16位未能归队，小平同志又对教育部的同志说："叫他们统统回来。"

我还谈到复旦大学中年教师许永华研究抽象代数，提出一个定理，被国际数学界称为"许—托曼那加定理"，他已写好20多万字的论文，按现在的出版速度，到1990年也登不完。小平同志说："要下功夫解决科学、教育方面的出版印刷问题，并把它列入国家计划。""有价值的学术论文、刊物一定要保证印刷出版。现在有的著作按目前的出版情况，要许多年才能印出来，这样就把自己捆死了。"

在座谈会结束时的讲话中，小平同志说："有人建议，对改了行的，如果有水平、有培养前途，可以设法收一批回来。这个意见很好。"我后来阅读《邓小平文选》时，每当读到"八八"讲话——《关于科学和教育工作的几点意见》时，心情就格外激动。因为在那次座谈会上，我曾反映复旦大学数学研究所"十八罗汉"的事。

从北京参加座谈会回复旦大学后，我即着手重建数学研究所、招收研究生和恢复数学讨论班的工作。数学所的原"十八罗汉"很快就回来了一批。我推荐的那批青年中12人成为复旦大学粉碎"四人帮"后的第一批研究生。

就拿高志勇来说吧。一天，大兴安岭脚下的一所师范学校领导来信，向我推荐21岁的高志勇。他是该校数学系毕业留校的教师，已读完几十本俄文数学书籍，是一位很有培养前途的苗子。我眼睛一亮，人才，这是国家兴旺的栋梁，岂可弃之不管呢？那时，我身处逆境，但是为了造就人才，我仍很快发函了解高志勇的情况。原来高志勇师范学校毕业后，仍坚持自学。那时，一些数学参考书常常被送往废品收购站。高志勇专程到哈尔滨市，以论斤的购买方式，购得大量俄文版数学书籍，刻苦攻读。很清楚，这是一株好苗子，我便在自己的笔记本上，郑重地写下高志勇这个姓名，还自言自语地说，人才难得，待到冰雪融化的时候，我要让他到复旦大学来。

在小平同志的关怀下，高志勇等14名青年参加了复旦大学的研究生招考，高志勇等12名被录取为研究生。其中有两人取得了博士学位。数学教授许永华的论文，也很快安排出版。

"社会主义需要数学"

　　我与毛泽东主席有过几次难忘的接触。

　　第一次是在1956年。那年1月8日晚约7时半，我接到电话通知，赶到坐落在南京路上的上海展览馆大厅。当时的上海市市长陈毅在那里等我，他带我去见毛泽东主席。

　　在会见之前，我曾参加过一次外事访问活动。那是1955年12月，作为一个代表团的团员，我参加了由郭沫若任团长的科学代表团，前往日本访问。当时中日尚未建交，访问活动进行得非常艰难。原先拟乘飞机回国，后来因故改乘船迂回曲折抵达上海，回来时已是12月31日了。这个代表团共9人，除了冯德培和我，其他7位都到了杭州，在那里受到毛泽东主席的接见。1月初，毛主席来到上海，提起要补上接见我们两人。

　　那天晚上，陈毅市长介绍了情况之后，毛主席就伸出大手握住我的手，说："我们欢迎数学，社会主义需要数学。"有生以来第一次握住主席那巨大、厚实的手，我非常感动。听到毛主席那样重视数学，看重数学工作者，我心中有说不出的激动。

毛泽东主席与苏步青亲切握手。中后为周信芳（1961年　上海）

毛主席接见后，我们在一个圆桌旁就座。当时周谷城先生坐在我旁边，更靠近毛主席。毛主席和周先生用湖南乡音交谈着。

"在长沙游泳时的照片还有吗？"毛主席问周先生。多年前，毛主席和周先生在长沙游泳，周先生就站在毛主席身边，有人给他们拍了张照片。

毛主席谈兴甚浓，讲了近1小时的话。他边说话边抽烟，我有心数了一下，大约抽了4根香烟。同桌的还有著名医学教授黄家驷先生，他劝毛主席少抽点香烟。之后，服务员上酒上茶忙个不停。这时我才注意到罗瑞卿、陈伯达也同桌就座。许多同志纷纷向毛主席敬酒。毛主席举杯一饮而尽，突然脱口而出："这是水嘛！"原来，当时的工作人员担心毛主席酒喝得太多，会影响身体，悄悄地将酒换成白开水，没想到被毛主席一语道破。

在毛主席身边聆听教导，他的一言一行，给我留下了深刻的印象，使人感到十分亲切。在被接见前，我同许多人一样，将主席偶像化。那天毛主席和大家一起谈笑风生，毫无拘束，这对我的教育实在太大了。毛主席接见的时间虽然不长，但对我的后半生却影响极大。

过了5年多，到1961年五一前夕，我在上海又一次有幸受到毛主席的接见，这次范围较小，只有我和周谷城、谈家桢、周信芳等人。

一见到谈先生，毛主席就问他："你还搞不搞摩尔根遗传学？"谈先生说："不搞了。"毛主席认真地说："搞嘛！为什么不搞呢？"

原来，在"双百"方针制定之前，由于受苏联的影响，科技领域错误地把从西方发展起来的现代遗传学，说成是"资产阶级遗传学"，把基因学说说成是"资产阶级唯心主义的捏造"，是"反动的"，而把苏联人李森科的遗传学理论封为"无产阶级遗传学"，说成是"社会主义的"，从而压制和禁止摩尔根的学说。有一阵子，大学里无法开设遗传学课程。后来，毛主席亲自制定的"百花齐放，百家争鸣"的方针正确地处理了这个问题。在1957年3月毛主席的一次接见中，进一步扫除了遗传学研究工作中的障碍。

就在这次接见之前，上海市委一位负责科教工作的领导向毛主席汇报说，他们大力支持谈先生在上海继续发展遗传学，并提出了一些具体措施。毛主席听了很高兴，频频点头说："这样才好啊，要大胆把遗传学搞上去。"毛主席的支持，对复旦大学遗传学研究的发展起了很大的作用。

这次接见，使我进一步了解到毛主席的宽广胸怀。毛主席善于发表自己的见解，特别是把学术研究和政治问题分开来对待，这就有力地支持了学术讨论的开展。虽然这里讲的是遗传学，但对其他科学的研究，"双百"方针当然也适用。

在史无前例的"文革"中，我和许多专家学者一样，受到严重迫害，受到不公正的对待。毛主席了解到与我同样遭遇的8位学者、教授的情况，在一次党中央的会议上"解放"了我们，其中有翦伯赞、冯友兰、周谷城、谈家桢、刘大杰等。毛主席一时记不起我的名字，说还有一个搞数学的，周总理马上接着说："叫苏步青。""对，苏步青，七斗八斗，没有命了。"毛主席一句话传到上海，当时我还在宝山县罗店镇"劳动改造"。一个工宣队的头头跑来对我说："苏步青，毛主席解放你了！"

第二天，我便从被关押的楼房回到家里。我心里很明白，"四人帮"迫害我，毛主席救了我的命。从那以后，我就下决心，余生之年，一定要为党、为中国的社会主义事业鞠躬尽瘁，为人民服务。

　　粉碎"四人帮"后，我担任复旦大学校长，各方面的工作非常繁忙。1978年的一天，我收到一位小学生家长的来信，反映他的孩子对一道数学题的理解。这道题说："有8个队，每队5人，一共有多少人？"孩子用8×5的算式来表示，老师说不对，应该是5×8。这位工人家长不理解，特地给我来信。我抽空写了回信把这个问题讲清楚了。后来，那位家长把此信向《文汇报》做了反映。不久，《文汇报》用较大的篇幅，刊登了家长的来信和我的复信全文，使我激动不已。《文汇报》说我担任了校长，还能关心科普工作，给我很大的鼓励。回想当时的这一举动，原出于对年青一代的关心，因为中国的将来寄托在他们身上，自己有责任和义务，为他们的成长，做一些力所能及的工作。

　　退居二线之后，我的工作相对没有在任时那么繁忙，因此对于中小学生的来信，就更有时间去关注了。1986年，广东省台山县第一中学高一（2）班的伍伟东给我来信，并寄来小论文《不定方程$x_1^3+x_2^3+x_3^3+x_4^3=0$的整数解的一个必要条件》。

我看后非常高兴，一位高中生能对数论中的一个难题做有益的试探，这是很值得称道的。在即将赴北京参加人大会议之前，我给台山一中的校长写了一封信，表示要将论文推荐到《数学通报》上发表。当时的副校长刘发荣收到我的信之后，很快就给我回了信。信中说：

"我是广东省台山县第一中学副校长，大教拜阅，不胜高兴。为教师者，最大安慰，莫过于看到学生的长进，苏校长亲笔介绍伍伟东同学论文给《数学通报》，给我校教师，特别是数学教师莫大鼓舞。在此，我代表本校全体师生，向苏校长致以最衷心的感谢。

"我校自从大力开展科技活动以来，每学期均举行一次学生小论文展览，深感学生的思维能力不错，少数学生颇有创见，但苦于没有更好的方式给予表彰。今得苏校长之助，使无名小辈，能登上全国权威性刊物大雅之堂，这不仅是对伍伟东同学的最大奖赏，亦是对全国青少年的一种激励。"

就在刘副校长给我写回信的前几天，我忍不住心中的喜悦，又给伍伟东同学本人写了一封信，肯定他的那篇论文很好，同时又用伍伟东的方法，对论题做了演算。最后，我写了一段话：

"以上是我临时想到并且动笔写成的，可能有不对的地方，希望你到你高中班的数学老师那里去请教请教，如有问题，请来信告诉我好吗？我明后天将去北京开会，月底一定回上海，那时希望看到你的回信。"

《数学通报》编辑部收到我的去信和转去的稿件，很快进行研究，认为"作为一个高中学生写作还是相当不错的，我们可考虑做些精简并发表"。此事后来终于有了一个好的结果。

1992年高考公布成绩之后，我收到浙江省衢州市某中学一位高考落榜生的来信，他自称是"一位生活中的迷途者"，在高考录取无望的情况下，向我诉说自己内心的痛苦。同时他认为，老师劝他再复习一年，考出优异成绩来，是"浪费了我们青年人黄金时代宝贵的一年，增加了当农民的父亲的负担"。他深情地写道："苏爷爷年轻时的事迹使我激动，我希望能成为一位科学家，像苏爷爷一样给国家做出贡献。然而，现在我却迷失在生活的道路上，不知怎样做好，苏爷爷，您能帮帮我吗？"

我收到这封信后，很同情这位落榜生的遭遇，想到社会各界都应对高考落榜的学生给予关心和帮助，使他们从迷惘中

苏步青（中）到浙江大学附属学校演讲
（1987年　杭州）

苏步青（中）到格致中学做报告（1990年　上海）

走出来，于是我亲笔给这位学生回函：

"听说你在本届高考中未被录取，闻言之下，深表同情。当前摆在你面前的只有两条：要么复习一年，考出成绩来；要么去做工作。""来信中提到什么'复习一年即意味着浪费了我们青年人黄金时代宝贵的一年'，这是不正确的说法。复习也是很重要的学习，弥补过去学习的缺陷，即使明年再不被录取，巩固你过去学习的知识，对将来参加工作也有帮助。青年人要有理想，而知识是通向理想的阶梯。"写完信，我想象着这位青年人一定会妥善安排自己以后的路程，于是装好信封，贴足邮票，在秘书的陪同下，亲手将这封回函投入邮箱。

巧用"零头布"

时间对于每一个人来说，都是一样的。能珍惜时间，分秒必争，就能在同样多的时间里取得更多的成果。

我把整段的时间，称之为"整匹布"，要搞大一点的项目，最好是用"整匹布"。1980年暑假，组织上看我年老却公务繁忙，照顾我到浙江莫干山休息三周。我一听这消息，异常兴奋，因为组织上送给我一块"整匹布"。在山上三周，我除得到一些休息外，更大的收获则是我的专著《仿射微分几何》一书中最重要、最难写的几章被我突破了。

可是，这种"整匹布"并不是经常可得的，因此我常在"零头布"上动脑筋。别看"零头布"零零碎碎，但可积沙成塔，时间也可以积少成多。

记得在"文革"期间，我受到莫须有的罪名的影响，靠边，挨批斗。那时看书钻研业务的人并不多见。我想这种情况不会太长，数学我是不会丢弃的。当时，外国同行照常给我寄来国外新出版的微分几何新书。我爱不释手，反复研读，吸取有益的养料，写下了几万字的读书笔记。粉碎"四人帮"后，我又可以登台讲课了。我利用点滴时间，在过去研究成果的基础上，又加进国外的新成果，编写出讲稿。1978年夏天，我冒着41℃高温，到杭州讲学7天，用的就是这个讲稿。回校后，我一边整理，一边给研究生上了50个小时的课。《微分几何五讲》一书就是这样一章一章地写成并且定稿的。1979年此书由上海科技出版社出版。第二年，新加坡世界科学出版社又将其译成英文出版。"零头布"就这样在我的手中变成了"整匹布"。

在我担任复旦大学校长期间，出差、开会占去了很多时间。尽管如此，我觉得这当中还是有"零头布"可以挖掘和利用。如果到外地开会，我每天早晚都挤出3个钟头的"零头布"，用来搞重点项目；在家期间，星期天被我称作"星期七"，照样工作。但星期天找我的人太多，如果一天累积能挤出两个钟头"零头布"，我就心满意足了。如果到市里开会，我也总是尽量挤时间。有一次，我和秘书到市里开会。会议上午10时休会，下午3时再换地方开。我屈指一算，这当中有5个钟头，坐等吃饭、休息太可惜了，就想回家去干两个钟头。秘书说饭票已经买好了，但我还是决定不在外吃饭。

我的《仿射微分几何》有20万字，大部分都是利用"零头布"写成的。在这部书译成英文稿的过程中，我更是争分夺秒。我运用数学方法，计算出完稿前的一段时间每天必须完成几页的译稿任务，然后就坚持不懈地每天如数去完成。要是哪天的计划被会议冲掉，第二天就一定想办法补上。到后来，每个阶段都提前完成任务。该书的翻译任务，竟比原规定的时间提前20多天完成。

这种巧用"零头布"的做法，我在60年代就运用自如了。那时我担任不少社会工作，要抽出"整匹"的时间来搞科学研究，是有困难的。所以我就开始把零碎的时间抢过来用。如果你那时到我办公室去，会看到我的办公桌上，右边放着公文，左边放着书籍、杂志。我批阅了右边的公文后，就拿起左边的科学书刊看起来。办公室中的电话声、谈话声很嘈杂，我却不在乎，好像没听见似的。

巧用时间，并不是安排得越紧越好，重要的是提高时间的利用率。每天清晨，我醒得较早，起床后做了健身操，还能阅读古诗词，然后听中央人民广播电台的新闻联播节目。如果上午开会，早饭后的时间就用来阅读文件。晚上睡觉前，我还要记上几笔日记。散步、聊天的时间，有时用来构思诗作。在每周日程排满之后，我还能见缝插针，接待记者的来访，与朋友座谈。这样，劳逸结合，各方面都兼顾到，时间得到充分的利用。

在巧用时间的同时，我还养成了遵守时间的习惯。我的秘书王增藩第一次与我到市里去开会，约定的时间到了，还不见他来，我就叫司机开车，不等了。事后问起，原来王增藩在路上遇到了朋友，多讲了几句话误了时间。此后，他每次都提前10分钟赶到，再也没有迟到过一次。

1978年8月21日，是原先规定小型科学讨论班开展活动的时间，可是复旦大学正遇暴雨袭击，大水猛涨。几位青年教师望着窗外的雨帘和地上白茫茫的积水发愁，担心我不会去。事后有人告诉我，当时他们议论纷纷："看样子，苏先生今天不能来了。"但熟知我脾气的谷超豪教授却以肯定的语气说："苏先生一定会来的！"他话音刚落，我就出现在教室门前。我是高挽裤脚，手撑雨伞，蹚着没膝深的积水，颤颤巍巍地走到教室门前的。我准时参加了科学报告会。只见小忻哽咽着迎上来说："苏老，您怎么来了……"我一边抹去脸上的水珠，一边就近坐在一把椅子上。伸手一看表，正好8点整。我喘了一口气，以商量的口吻说："报告会开始吧……"当时，我已74岁了。

我要求记者、学生准时到会，我自己也总是尽量准时。随着年龄的增长，害怕迟到的心理越发严重，有时都提前一刻钟甚至半小时抵达。有人风趣地对我说："苏老不像当官的。"其实，我一直把自己当普通的一员，要求别人准时，自己起码不能迟到嘛！

苏步青为学生讲授计算几何学（1979年　上海）

长江后浪推前浪

　　长江后浪推前浪，青出于蓝而胜于蓝，这是科学发展的规律。我们老年科学工作者应当正确对待这个规律，并自觉主动地鼓励学生超过自己，才能促进科学事业的发展。

　　我们培养人才，目的就是要学生超过老师。英国杰出原子核物理学家欧纳斯特·卢瑟福曾说过："如果我的学生在学业上没有新的突破，仍按我的理论进行实验而证实了数据，那他是无所作为的，我的学生应该有新的发现。"世界上有些科学家，就是把发现和培养新的人才，看作是自己毕生科学工作中的最大成就。

　　在科学史上还有这样的佳话：牛顿的老师巴罗是剑桥大学当时唯一的数学讲座的首任教授，他发现学生才能超过自己，在任职6年后，主动让位给20多岁的牛顿继任。他的让贤为牛顿一生工作安定奠定了基础。巴罗的这一举动，对科学事业起了重要作用。人们在谈论牛顿时，忘不了他的老师巴罗。所以，培养一个杰出的人才，其成就不小于重大的发现。我们不必为学生超过自己感到羞愧难受，而应当把它看作是我们对"四化"建设的一个贡献。

出类拔萃的学生，是国家的宝贵财富，是科学发展的希望所在。我们要为他们赶超自己的指导教师创造各种条件。

就以我和谷超豪教授的关系来说吧。从1946年开始，他就跟我在一起。当时，我发现他接受能力特强，思维敏锐，理解问题的深度往往超过我的设想，就着意培养他。在1953年到1957年这4年中，他学术上进步非常快，在吸收我的学问的同时，他还学了许多新东西。当时，他30岁左右，我已过了50岁，又担任行政职务，在学术上的某些方面，他已开始走在我的前面了。我一方面为看到有这样好的接班人感到放心；另一方面，对谷超豪的感情更深，超过了自己的亲骨肉。我把他取得的成绩，当成我取得的成绩而感到高兴，支持他出国进修，让他了解世界最新成果，开辟新领域。谷超豪也没有因此而瞧不起老师，他始终以学生自居，对我非常尊重。

在长期的培养人才实践中，我积累了一些经验，主要有三条：一是先勉励他们尽快赶上自己；二是不要挡住他们的成才之路，要让他们超过自己继续前进；三是自己决不能一劳永逸，还要抓紧时间学习和研究，用自己的行动，在背后赶他们，推他们一把，使中青年人戒骄戒躁，勇往直前。值得一提的是，我鼓励学生超过自己的经验，已经在谷超豪及他的学生身上得到体现。

谷超豪直接指导的学生李大潜、俞文、陈恕行，都是复旦大学的教授。1979年10月间，谷超豪向纽约大学库朗数学研究所同行介绍复旦大学有关"双曲型方程"的研究成果，美国数学家们听后十分赞赏。有关"双曲型方程"的研究成果，是由谷超豪开头研究，然后由李大潜、俞文进一步研究完成的。70年代末，李大潜在法国巴黎进修期间，把偏微分方程运用到控制理论方面。法国数学家称李大潜是"一位卓越的数学家"。他在一年内就有两篇论文被《科学导报》选刊，为中国赢得了声誉。在1974年至1986年的12年间，他为解决石油开发中心的一项攻关课题——判断油层位置及储量的"电阻率法测井的数学模型与方法"，曾6次到江汉油田进行调查研究，与实际工作者交流讨论，把深厚的理论根底转化为实际应用，干净利落地完成了这项研究工作。根据这项成果设计制造的微球形聚焦测井仪器，填补了国内空白，在我国的大庆、江汉、南阳、中原等10多个油田推广使用后，为合理地估算油田储量及划分油层的厚度提供了方便。他多次出国讲学，应聘担任9

四位院士，师生三代数学家。后右：谷超豪。前左：胡和生。后左：李大潜
（1996年9月　上海）

种国际数学杂志编委，科研成果卓著，于1995年10月当选为中国科学院数学物理学部院士。

对其他学生，我也都为他们的每一次进步感到欣慰。同时，我也千方百计地为他们的成长创造条件，如出题目、介绍资料、指导做论文等等。这种和谐的师生关系，为数学人才的培养打下了坚实的基础。

1979年初，李大潜赴法国进修，临行前，我与他游北京北海公园。我们一老一少，在游人中格外醒目。在赠别诗中，我抒发了"他年驰骋待君还"的感慨：

北海风高白塔寒，快晴初日到林端。

冻匀湖面圆圆镜，步稳行廊曲曲栏。

此日登临嗟我老，他年驰骋待君还。

银机顷刻飞千里，咫尺天涯意未阑。

1982年6月，复旦大学与法国、比利时有关研究所、大学签订合作协议，李大潜陪我同行。一路上他对我照顾、关怀备至，没有他，我真不知如何动作。正巧那段时间，谷超豪、胡和生也在巴黎，就有了《同谷超豪、胡和生、李大潜游巴黎作》的诗句：

万里西来羁旅中，朝车暮宴亦称雄。

家家塔影残春雨，处处林岚初夏风。

杯酒真成千载遇，远游难得四人同。

无须秉烛二更候，赛纳河边夕阳红。

　　我担任复旦大学校长时，正是拨乱反正、健全教学科研秩序非常繁忙的时候。学校招收了一批学生，起初多是些工农兵学员，随后进校的学生年龄趋小。我巡视校园，到过教室和食堂，发现浪费水电、粮食的现象比较严重，干净、整洁的大道上，随处可见废纸团或果皮，对此我十分反感，多次在校长办公会上提出这个问题。

　　有一天，我与秘书一起走进校园，一眼就看到两三个废纸团，我皱了皱眉头，走过去弯腰把纸团一个个捡起。秘书看了大吃一惊：校长怎么干这事？他抢着要夺那纸团，我没有放手，一直将纸团带到办公室丢进字纸篓。

　　像这样的事还有不少，不知怎的我经常为这些小事发怒。

　　校图书馆是学生借阅图书、自修的地方，学生们经常进进出出，大门口的墙上本来很干净，可偏偏在那儿贴了"启事"，我好几次发现后即上前撕下，并要有关部门发通知，禁止在图书馆和教学楼墙上乱贴纸条。我早晨上班时，看见大白天教室里还亮着灯，有的教室只有几个学生在自修，有的空教室灯也开着，我忍不住上前一盏盏地把灯关了。后来一了解，才知道原来是晚自修的同学没有及时关灯，以至于天亮了灯还亮着，这有多浪费啊！有人以为这些都是不值一提的小事，但我却认为，如果连这点小事都干不成，还想干什么大事？高等学校在精神文明方面应该成为表率，这里的师生员工应该是最讲文明最有礼貌的。本来嘛，学生应该从小就养成好习惯，进了大学后还出现这些问题是不应该的。

也许我出生在农村，过惯了艰苦的生活，养成了热爱劳动的习惯。到60多岁时，我还在自己住房周围种上各种各样的花草，每到春天，花红叶绿，生活在这样的环境中感到特别舒心。70多岁时，我每天早晨起床，面对朝阳，做完"练功十八法"，便提起锄头清除杂草，操起扫帚打扫庭院，那时家里的

苏步青寓所（1982年　上海）

地板也是我拖的。每次出差外地，不管时间长短，春夏秋冬，我的衣裤都是自己洗晒。有一段时间，上海的全国人大女代表，常到我住处来。她们东张西望，好像在找什么东西，后来便问我换洗的衣服放在哪里，原来她们想帮我洗衣服。我听后笑着说，你们别想找到它，因为洗完澡，我就将换下的衣服自己洗了，晾在卫生间。那里冬天有暖气，第二天一早就干了。要是夏天，我就晾在阳台上，晒干就收起来。有一回我生病了，秘书帮我洗，我觉得还没我洗得干净。后来他胆怯，不敢再帮我洗，要洗的话，还要洗两遍呢。

至于自己的办公室、书房，我总要搞得干净、整洁。有人强调办公室的桌子上乱一点没关系，因为自己放的材料好记，不至于找不到，如果整理得太清爽，反而会影响自己办公、写作。这对某些同志可能适用，因为他们养成了习惯，桌上堆积着书籍、材料，能用来写字的地方都很小。我则和他们不同，书房收拾得清洁整齐，书架上的书按次序排列好，需要什么书，随时都能找到。办公室的书桌上，很少堆放东西。下班时，我先把堆放的文件、材料整理收拾完毕，倒掉茶末，洗净杯子，放好，把自己坐的椅子放回原处才回家。我以为，重视个人和环境卫生，搞好内务，不仅有助于身心健康，提高工作效率，还能反映出一个人的精神面貌和道德情操。

自从国家经济形势好转之后，有些人大手大脚，浪费现象也有蔓延的趋势。食堂桌上留下不少饭团，有的菜不喜欢吃就倒掉，我看了都不忍心。农民辛辛苦苦种出来的粮食、蔬菜，随便浪费掉是不道德的。"谁知盘中餐，粒粒皆辛苦"的教育还需要坚持下去。勤俭节约、艰苦朴素是好传统，我们民族要永远立于不败之地，就要把这些美德世世代代传下去。这些道理，讲讲容易，但做起来并不那么容易。有时我到外地出差、开会，服务人员送上来的菜量比较多，我总要跟他们说，胃口没那么大，以后量少些，否则，浪费了太可惜。

　　我总觉得，反浪费、讲节约的风气要提倡和宣传，使绝大多数人都能意识到，并落实到行动中去，这样才能使好风气得以发扬。在食堂门口，以前有一排洗碗的水龙头。有些学生洗好碗，水龙头不关就走了。还有些学生舍不得用劲，水龙头滴水不止。看到这种情形，有一天我特地边巡视边关水龙头，学生受感动了，漏关水龙头的事减少了许多。关不紧的水龙头，经过修理也不再滴水了。据说有一次，一个学生用完自来水，忘了关水龙头，掉头就走，正好被边上的学生发现。他立即上前指责："你是不是留着让苏校长来关？"那学生顿时满

为大学生做报告（1978年　上海）

脸通红，转过身立即把水龙头关上。

近几年，大学生中的独生子女增多了，他们备受父辈、祖辈的关照呵护，自己动手洗衣扫地的事也日益难见。听说有的大学生还雇保姆，帮助洗衣、打扫寝室，这可能是很个别的，但此风一定要赶快刹住。艰苦朴素、勤俭节约、文明礼貌是中华民族的美德，绝不是小事。我们一定要把这些美德世世代代传下去。

为中学教师讲课

　　1982年，我即将退居二线，校长的工作、数学教学与研究，都使我忙不过来。然而一个新的任务，却悄悄地进入我的思考范围。我想，继续在第一线从事高深的数学研究已非力所能及了，但在中学教育方面，却还有很多我可以做的事。如可以举办讲习班，分别以高中和初中的数学教师为对象，每期讲授一个到两个数学专题，着重介绍数学的思想方法，以提高中学教师的论证能力和数学素养。经过反复考虑，我向有关单位提出了办讲习班的打算。经上海市教育局、上海市科技协会的积极筹备，由我这个已经80岁的高龄人主讲的讲习班终于诞生了。

　　那是1984年的1月，正是上海的严冬季节。小汽车载着我和随行人员，来到上海科学会堂，为中学数学教师举办的第一期讲习班就在这里开课。

　　在大学讲台上从教50多年后，又重新上讲台，为一群陌生的中学数学教师上课，心情有些激动。有人怕我站着太累了，劝我坐着讲。我向来以为，讲课就要又讲又演，坐着讲感

为给中学教师授课准备课件（1985年 上海）

情表达不好，得不到应有的效果，所以我还是坚持站着讲课。

为了让讲课更有针对性，能够取得实效，我从选题目，到参阅国内外文献，直至写成讲义，无不斟酌再三，缜密考虑。讲义编写后，我先在复旦大学数学系本科四年级学生中试讲，结果课堂效果很好，这就增强了我办好讲习班的信心。

据说要求参加听讲的教师有上千人，而第一批获准的只有63人。这些教师大多来自重点中学，有的同志在中学埋头教了20年课，从未有过系统的进修。现在要听我讲课，他们显得特别兴奋，这又增强了我的责任感。当然，像以往教学生一样，我对大家提出了"约法三章"，即不迟到、不早退、不旷课，迟到的不要进课堂。虽然室外气温在摄氏零度以下，但教室里却有热气腾腾的感觉，当我宣布完"约法三章"之后，大家都以热烈的掌声通过。

　　第一讲是"等周问题"，这是古希腊数学家阿基米德曾研究过的问题，是一个古老的整体几何问题。在论证平面等周问题的过程中，我尽量运用三角、复数、行列式等初等数学知识，强调中学数学的基本知识、基本方法的重要性，引导教师们寻找高等数学和初等数学的内在联系，了解高等数学的来龙去脉。

　　我还有意识地讲一些数学史上的典故，着重介绍前人是怎样一步步攀登高峰的。看得出来，学员在课堂上学得轻松愉快，又体会到了数学思维的方法。我每堂课的时间并不长，讲

为中学教师课下辅导（1985年　上海）

苏步青在中学教师讲习班上授课（1985年12月　上海）

得也快，学员在课堂上能跟上我的思路，课后复习时会发现讲课的内容很丰富。下课休息时，我问了几位学员，他们过奖地说："听老师的课是一种美的享受。"这种效果的取得一方面得益于我长期讲课，有些实际经验，学生哪些内容听进去了，哪些问题没搞懂，我一看他们的面部表情，就一目了然；另一方面，我有些语文功底，讲课注意语言表达，这样就不使学生感到枯燥。

转眼间，3个月的讲课过去了，第一期的内容已经讲完。在上海科学会堂的大草坪上，我和63位中学教师合影留念。学员们知道还要发结业证书，都很高兴。不过，我这个人是"严"头"严"尾。在拿到我亲笔签发的证书之前，每个学员要把听课笔记交给我看一看，还要写一篇学习小结，我感到满意才会签发。学员们反映，这是一位严师的风格。最后，我看过学员的笔记，又阅了学习小结，这批学员才拿到证书。

要求学员做到"约法三章"，这对我来说，也是一种考验。我住在上海东北角，每次上课都要提早半小时到教室，这就得早早出发。到了教室，自己动手擦黑板，挂示教图，准备投影仪，80多岁的人，我还是坚持自己动手。那时，我还有记挂的事，那就是我的夫人因病一直卧床不起。我和夫人之间感情很深，我每日都要去医院陪伴，但从未影响讲课。在那段时间里，我两次到北京出席重要会议，事前都安排好课程才放心。

进入盛夏，毕竟岁数不饶人，多年未见的痛风病发作了，而且到了必须住院的地步，这是没想到的。在这之前，我从没有住过医院，第一次入院，什么都感到不适应。我住的是一个狭小的单人病房，窗外蝉声阵阵。室内干净整洁，但十分闷热，就靠搁在地板上的一台老式电风扇吹吹风。由于第二期讲习班已定于来年开讲，我觉得在医院里没多少事，就开始写讲义。这次讲的内容是"拓扑学初步"，在总结第一讲的基础上，我准备编写得好一些。

就这样，有了第一讲、第二讲，又过了两年第三讲也编好了讲义，内容是"高等几何学五讲"。后来，为了让更多的中学数学教师能共享这些成果，三部讲义都公开出版。许多人赞誉我的这一举动，但我认为这只是"千金买马骨"。希望有更多的大学老师退休之后，也为中学教师做点有益的工作。

在上海南丹路光启公园里，有一座科学家徐光启的墓，这墓碑上的题字——"明徐光启墓"，就是我亲手写的。徐光启是我国明代一位了不起的科学家，他除了编著《农政全书》外，还和意大利人利玛窦合译了《几何原本》前六卷。把一部欧洲文字写成的数学著作译成汉文，这在我国历史上是一个创举。此书在当时流行极广，其中"几何"一词，以及"点、线、面"等许多数学上的专有名词，也是由徐光启首先使用而定下来的。

1983年是徐光启逝世350周年的日子，上海为了纪念他，开了一个盛大的座谈会，这个会意义重大。我作为一名数学和教育工作者，认识徐光启这一名字，是从看他1606年翻译的《几何原本》那里开始的，尽管当时他只译了前六卷。两个世纪后，这本著作后九卷由李善兰翻译完成。此书在东方算是最早的一本数学译著。徐光启比较了中西方测量方法，他认为我国古代的测量方法与西洋的测量方法基本相同，理论根据也是一致的。他用《几何原本》的定理解释了这种一致性。不但如此，他在著作《勾股义》里仿照《几何原本》的方法，对我国古代的勾股算术提出严密的论述。由此可见，徐光启在一定程度上已经接受《几何原本》早期的逻辑推理思想。徐光启还学了西方算术，在其著述《定法平方算术》中用实际例子叙述开平方法，即现在算术中的方法。我国古代曾经有过开平方与开立方，有名的《九章算术·少广章》里的术文既简括又明晰，依术演算也很方便，就是明证。所以徐光启的这本著作一方面是对西方算术的介绍，另一方面又是述古之作，借此解释中西方在方法上的一致性。

徐光启在对数学的认识和对待数学研究的方法上都提出了他独特的见解。在谈这方面的功绩之前，我想回顾一下，中国古代数学有过很大的成就。比如：上述的《九章算术》（大约在公元50年到100年之间写成的）里有《方程章》，所谓"方程"是联立一次方程组，这是一项了不起的成就。又如：大家知道，祖冲之（429—500）的圆周率估值比西方早1000多年，唐初立于学官的"十部算经"之一《缀术》是祖冲之在数学方面的辉煌成就。祖冲之的儿子祖暅提出了"幂势既同则积不容异"的原则，和卡瓦列利原则相同，而后者比前者迟了1000多年。又如：在13世纪建立方程的新方法中，北方的数学家们"立天元一"为未知量，后人称它为"天元术"，这同现在我们设x为未知量是一回事，但时间相差几个世纪。此外，还有其他很多成就，不胜枚举。可惜的是，唐元以后，数学的发展日趋衰微，到了明末，也就是徐光启生活的时代，数学远远落后于西方。原因何在？徐光启分析了明代数学没有充分发展的原因，得到了两个结论："其一为明理之儒士苴天下之实事，其一为妖妄之术谬言数有神理。"前者指当时学者名儒鄙视一切实用之学（包括应用数学），后者指数学研究陷入神秘主义泥坑。徐光启认为"盖凡物有形有质，莫不资于度数故耳"。他在"度数旁通十事"中指出，数学在历法、水利、测量、音乐、国防、建筑、财政、机械、地图、医学、统计等方面，都有重要的应用。他本人在建设国防、发展农业、兴修水利、修改历法等方面都有相当的贡献，在介绍西洋历算方面也不遗余力。对于较为理论化的数学，徐光启也十分重视，他把讲究数学原理的《几何原本》看成一切数学应用的基础。

从这些事实可以看出，徐光启是爱国主义者，他看到明代科学的衰退，统治者以科举代替科学，推行愚民政策，以致国敝民贫、外患入侵的局面，开始向外国学习数学，并把它应用到历法、水利、测量、农业等方面，一心想使国家富强。尽管意大利人利玛窦只口述了《几何原本》前六卷，不让徐光启译完，徐光启还是千方百计地把译好的部分内容应用起来，这种"洋为中用"的学风到今天仍然值得我们学习。不但如此，徐光启还主张一切用数学推得的结论应该用实践来检验。公元1629年的农历五月初一日食，徐光启说："论救护可以例免通行，论历法正宜详加测验，盖不差不改，不验不用。"这就是说，数学理论应该在实践中不断改善，在实践中求得发展，经实践证明是错误的理论，就不应该再应用它。从这些见解看来，徐光启可以说是自发的辩证唯物主义者。

时间在飞逝，时代在发展。我们党提出要把祖国建成有中国特色的四个现代化的社会主义强国。新中国成立以来，科学和教育事业已经蓬勃发展起来，有些科学技术包括数学在某些方面已经接近和赶上国际先进水平。但是，总的说来，我国科学技术还比较落后，我们必须艰苦奋斗，自力更生。我们既要进口一些先进技术，也要派人出国学习，洋为中用，以贯彻"加强应用科学的研究，重视基础理论的研究"的方针。

在纪念大科学家徐光启逝世350周年的时候，我曾写过12句口诀，现录于后，作为本节的结束语：

> 畴人逝世，三五〇周；
> 缅怀纪念，古为今谋。
> 百年事业，四化宏筹；
> 党来领导，历代无俦。
> 国将隆盛，十亿同舟；
> 先生夙愿，指日可酬。

《赤壁赋》写于哪一年？

我有个学生，在中文系从事中国古典文学研究，对苏东坡文集做了很多工作。有一次，他送我好几本书，我翻阅了其中的《赤壁赋》。关于写作年代，他说是1080年，我一看就看出错误来。

为什么1080年是错的呢？那年是1982年。1982年，壬戌之年。《赤壁赋》开头一句就是："壬戌之秋，七月既望。"我看它的写作年代与1982年间隔一定是60的倍数。1080年到1982年，间隔902年，但902不是60的倍数，所以说写作年代是1080年，一定是错的，而这一年，应为1082年。另外，从苏东坡的生辰忌日也可以推算出文章的写作时间来。苏东坡是1037年生，活了64岁，在这段时间里，哪一年与1982年间隔是60的倍数呢？那只有1082年，为什么呢？因为第二次壬戌苏东坡已故，若活到1142年的话，他应该活到105岁。这个简单的问题里就有数学啊！数学是培养人思维能力的重要手段，对于智力发展有很大的促进作用。我们这些学数学的占了便宜，上面提到的是个文学问题，我也不是什么专家，但我有这个能力，他搞错的地方，我一下子就看出来了。

我们知道，数学是其他自然科学甚至是社会科学必需的基础和重要工具。自然科学中的物理、化学、生物等等，文科的各种专业，都渗透有数学，数学是它们的基础。社会科学里没有数学是不行的。譬如马克思写的《资本论》第一章就用到了数学的概念。我在"文化大革命"期间托"四人帮"的"福"，翻译了马克思的《数学手稿》，后来读了《资本论》的第一章，才知道马克思把数学的概念用进去了。马克思批判了牛顿的微分概念，他用发展的观点来看问题，而牛顿用的是静止的观点。当然并不是说牛顿错了，这是在哲学范围内讨论问题。

马克思讲过，任何一门科学只有用了数学，才能成为一门精确的科学。他讲得很对，数学不仅在物理学科有广泛应用，在化学、在生物学科中也应用广泛。生物数学这门学科现在时兴起来。我们学数学的人不懂生物，学生物的不懂数学，这对学科发展不利。现在数、理、化、生，我看将来是分不开的。化学里面有量子化学，我看里面有很深的"李群"理论，将来不懂数学简直没办法深入研究。同时，搞数学的人不懂得化学、物理、生物，也会影响数学的研究。所以，以后的自然科学家很难当，社会科学家也很难当，你学经济的人不懂得一点数学，行吗？学中文的不懂数学也不行，我在上文就举出了一个好例子。讲了这许多，就是提醒你们青年人，要学好数学，同时也要扩大知识面，学一点物理、化学、文史哲。

这里，我还想讲讲自己对学好数学的一点看法。我觉得学好数学的标志是理解。所谓理解就是不死记硬背，而是反复思考，对概念、定义特别要搞懂。现在学数学很难，越抽象越难学。这里还应注意不能单打一，学几何就不管代数，学代数就不管几何的做法是行不通的。这就要求我们学深学透，才能做到举一反三，融会贯通。

我曾在北京看过京戏《管仲拜相》，管仲是春秋时候的人，齐国宰相，有名的、了不起的政治家。有本书叫《管子》，我像你们这么年轻的时候，念过《管子》，有两句话现在还记得："思之不得，鬼神教之（注：思而不得，必有鬼神来教）。"这不是唯心主义。后面还有一句话："非鬼神之力也，其精气之极也。"这句话是提醒我们学习或做学问时要"多思"，想多了，想全了，就能在解题时达到熟练的境地。这里的熟练，是指对基本公式、基本定理、重要常数、基本运算很熟练，能做到"召之即来，来之能战，战之能胜"。这句话讲讲容易，做起来可不容易，因此一定要在平时重视基本训练。

与大学生亲切交谈（1988年　杭州）

除了基本训练，我们还要注重提高，培养少数人在各种竞赛中去拿奖牌。在上海我就主持过几次数学竞赛，并把第一名获得者招进复旦大学数学系深造，他们毕业后都成了研究所的骨干。但是，在"文化大革命"中，为此我还被拉到他们曾就读过的中学批斗，造反派说我搞数学竞赛是做了坏事。当然我不会理这事儿，培养数学拔尖人才，何罪之有？粉碎"四人帮"后，我们又组织数学竞赛，规模和人数都比以前有很大的发展，是全国数学联赛。1978年那一次，全国获奖者57名中，上海就有21名。1982年那次，114分是全国最高分，上海在100分以上者就有4名之多，可见上海数学人才还是不少。

我们搞数学竞赛，并不是提倡学生都去做难题、偏题，而忽视基础的训练。有些省份在高考复习时，做了不少难题，成绩看起来高一些，但这些高分学生进入复旦大学后，半年成绩就掉下来了，因为他们的基础理论基本训练不够，这是一个教训。我在1960年出了一本书《谈谈怎样学好数学》，1964年此书增印几万册。在这本书中我说我学微积分时，题目做了10000道。在"四人帮"横行之时我被当作批判对象，罪名是毒害青年，人们以为做难题、偏题的倾向是我搞出来的，这是一种误解。我确实做过10000道题，而且还不止这些，可我做的既不是难题，也不是偏题，我是经过大量的基本训练，才达到了熟能生巧的地步，因而不管难题、偏题都能解出来。最后我用四个字来归纳——理解、熟练，供青少年朋友参考。

> 樱花时节爱情深，万里迢迢共度临。
> 不管红颜添白发，金婚佳日贵于金。

1978年，我与夫人50年金婚喜庆，我挥笔写下这样的诗句，同时也回忆起难忘的共同生活的日日夜夜。毫不夸张地说，我的学问和成就，一半是夫人给的。

苏步青和夫人（20世纪50年代左右 上海）

夫人原名松本米子，日本仙台市人。1926年初我与她相见于不二寮，两年后结婚，1931年偕回祖国。1953年她加入中国籍。60年来，她为我培育子女8人。抗日战争期间随我西迁，历尽艰辛。新中国成立前夕，劝我不要去台湾。新中国成立后，大力帮助我克服困难，使我有充分的教学和科研时间。这就是我所说的，我的一半成就应归功于这位贤妻良母。多年来，她积劳成疾，患病住院4年，后医治无效，于1986年5月23日下午3时2分辞世，终年81岁，痛哉！

　　她生前爱好音乐，善弹筝，并善花道、书法，妆奁古琴仍在居室，见物思人，悲夫！在这悲痛的日子里，我写下了悼念亡妻米子的诗句：

　　　　望隔仙台碧海天，悲怀无计寄黄泉。

全家合影

东西曾共万千里，苦乐相依六十年。

永记辛劳培子女，敢忘贤慧佐钻研。

嗟余垂老何为者，兀自栖栖恋教鞭。

"往事依稀逐逝川。"夫人的音容笑貌又在眼前。夫人一生辛勤劳动，一向平易近人，永远是那么温和，处处为别人着想。国家三年困难时期，她把自己节约下来的粮票、肉票上缴国家，帮助国家渡过难关。她在家里从来不收受任何人的礼物，即使不得已收下了，一定加倍奉还人家。

有一年谷超豪、胡和生出国访问，夫人非常关心他们的孩子，把他们家零乱的书橱和房间整理得干干净净。在"文化大革命"中，许多保姆都"造反"了。有人鼓动我家的保姆也造反，可她总是对人说："苏师母是好人，我不造反。"我是科学家，又是全国人大常委，但夫人总是那么平易和诚恳，周围的人都感到非常亲切。

往事历历在目，令我难以忘怀。

夫人有自己的专业和爱好，也想在这些方面得到发展，但她深知，时间是有限的，自己只有做好家务，才能让丈夫为年轻的共和国多做贡献。于是夫人放弃了专业，精心照料家庭，培养孩子。她是一位善良的母亲，在孩子的教育上，又是非常严格的老师，可从来没动手打过孩子。8个子女都受到良好的教育，有的成为名牌大学的教授。

夫人有勤劳俭朴的美德。到了60年代，我的收入逐渐增加，曾打算给夫人做一些服装。这事一提出，夫人直摇头，一件也不肯做。她说："我们有那么多的孩子，家庭负担还是很重的。而且我一直在家里，不需要多做衣服。"一直拖到1979年，她才添了两套新衣服。一套穿着回到阔别43年的故乡——日本仙台；还有一套，一直存放着，到临终时她才穿上。每当想起此事，我总是深感歉疚。

1981年，夫人因患多发性骨髓瘤，卧床不起，我们把她送进长海医院，接受最好的检查治疗。疾病使她疼痛难熬。在规定探望病人的时刻，不论工作如何忙，我准会按时出现在她的面前，给她带去爱看的画报或孩子的来信。夫人总是强忍疼痛，安慰我，有时她以听日本民谣来解除痛苦。我出差北京开

女儿苏德宜
在北京与父亲合影
（1984年）

会，夜晚常挂念夫人健康。一返回上海，下午必定出现在夫人面前。

夫人一生为我无私奉献，却很少考虑个人的享受。有一件事成为我的终生遗憾，那就是夫人一生没到过北京。我从成为第二届全国政协委员起，到北京的机会有上百次。开始由于孩子太小，她总忙于家务而无法同行。到孩子长大成才之后，夫人却无缘再去了。每想及此，我心里就很难过。

夫人患病后，从上海市领导到学校党政领导都十分关心。长海医院选派最好的医护人员，积极组织抢救。在她离世之前，还能讲话时，她一再表示：我是一个普通妇女，人民和组织花那么大气力为我医治，我心领了。她一再表示对长海医院领导、医生、护士的衷心感谢，对学校组织诚挚的感谢。谷超豪在我夫人追悼会上致辞："我们从心里钦佩师母诚挚待人的品德。一个加入中国籍，在中国这块土壤上生活了50多年的外国人，这样地热爱我们的这片国土，这样地支持丈夫所从事的事业，这样地和我们这个民族的人民同甘共苦、生死与共，她的人生就是一本很好的教科书。"

在失去亲人的日子里，我一直沉浸在悲痛之中。每每想起，我只能以诗寄托自己的无比思念，无限深情。在追忆中也激起我对未来的情怀：

> 花开花落思悠悠，扬子江边忌又周。
> 对月空吟孤影恨，倩谁倾诉暮年愁。
> 尽无夜雨还惊梦，纵有杜康难解忧。
> 百岁光阴仅余几，仍须放眼望神州。

　　不知怎的，人越老越喜欢和青年人在一起，与他们共处，仿佛自己也年轻了许多。有一年，复旦大学诗社的几位学生向我索诗，激起我对往日的回忆，情之所至，赋诗一首：

　　　　我爱青春亦爱诗，老来闲梦少年时。

　　　　扶桑东渡波涛涌，故国平居离乱悲。

　　　　孰谓百篇能问世，不期双鬓早成丝。

　　　　家山咫尺慵归去，步履空夸健似飞。

　　如今我已年逾九旬，但有机会总爱和青年人交谈，回答他们提出的各种问题，关心他们的思想、学习和生活。

　　1989年10月，华东师范大学一附中高一年级杨蓓等10位中学生给我来信，提出许多疑惑。有的同学问：妈妈要我成名，但成名又为了什么？有的干脆问：名誉对您来说，意味着什么？

　　我看了来信，感到这些青年天真可爱。他们生活在大社会中，开始思考各种社会问题，我们如果不正确引导，就会使他们走上岔路。于是，我抽空提笔为这些中学生写了回信，我以自己的亲身经历和奋斗历程告诉他们：名誉是党和人民对我的鼓励和鞭策，名誉只代表过去。我已有很高的职位，但我不愿意在家享清福，不做点工作心里就感到不安。我之所以有今天，可以说是一辈子艰苦奋斗得来的，不付出血汗，希冀成绩会从天而降，那是幻想。能够成名并非坏事，关键在于要为祖国、为人民服务。同时我还告诉他们，眼睛只盯着个体户赚大钱，就会贪图眼前的利益而放弃自己的理想，这样下去，有可能走上堕落的道路，那是十分危险的。

这些中学生收到信后十分惊喜，他们没想到像我这样的老教授还会亲自给中学生复信。他们在来信中说：我们一谈起将来成名成家，好像那"名"和"家"就像触手可及的苹果一般，然而，我们终究太幼稚、太简单了。是您的经历告诉我们，人生的道路是崎岖的，要靠自己长期不断的努力才能成为有用的人，才能为社会做出贡献。

两年后，杨蓓等10位同学又给我写信汇报各自的进步，有个叫曹嘉康的同学读了我的回信，下决心刻苦钻研，获得了美国数学竞赛一等奖。

中学生和刚上大学的青年学生都有良好的愿望，但是，在实现自己的理想时，又往往会遇到各种各样的问题和挫折。好不容易考入复旦大学的学生，面对出国潮的冲击，有的动摇了；面对政治和业务的关系，他们感到很难摆正位置。于是有人给我写信，有人找上门来要求我给予指导。

1991年11月30日，我曾针对学生的提问回过一封信。信上说，同学们想要出国留学，并不是什么坏事，把国外的好学问、好技术学回来，洋为中用，完全有必要。问题在于，有的人受了社会上的不良影响，认为出国能赚大钱，或借此可以躲过目前国内生活尚不富裕的困境，等到国家繁荣时再回来，等等，那就不妥了。我们应该向钱学森、路甬祥等教授学习，学成回国，做出贡献。信寄出后，我心里好舒畅。我想青年人盼望有老同志给予指导，自己做了力所能及的工作。看到青年学生茁壮成长，我也感到欣慰。

有一回，给我来信的是一位硕士研究生，他虽然比中学生、本科生年龄大一些，提出的问题也比较深沉，但总的问题还是离不开如何做人。

这位研究生对社会上某些现象看不惯，觉得社会风气每

健康老人——九十岁
（1991年 杭州）

况愈下，有些人追求的唯一目标就是金钱，理想和社会责任感在青年人心目中越来越淡，安心读书的人越来越少……他说："您曾写过这样的诗句：不辞衰老敲边鼓，敢助青年闯险关。现在虽非处于险关，但确有家园失落之感，先生若以为孺子可教，请先生教我。"

我读了这封信，心情感到十分沉重，但这位研究生毕竟把问题提出来了。我要秘书把这位研究生请来办公室，详细了解其苦闷，并谈了自己的看法。我说："青年人思想有苦闷，同教育工作存在的问题、经济尚未搞上去等等有关，我们要从思想上锻炼自己。研究生比本科生要有更多的思想准备。国家还不可能一下子富起来，人民仍需艰苦奋斗。搞学术研究，是不可能舒舒服服的。我们的眼光要放到15至20年后，现在不能失去信心。困难正是磨炼青年的好机会，希望你坚定信念，不为不良风气所影响。"这位研究生听后表示，自己一定到同学中间去，把我的话转告大家，让更多的人树立起信心，为祖国为人民刻苦学习。

青少年是祖国的未来，希望寄托在他们身上，我的学问老了，精力也不多了，但我们这些经历过风雨的老人，以亲身的感受告诉青少年一些做人的道理，但愿有助于今后人才的培养吧！

　　退居二线之后，相对以往在位时，时间要宽松一些，因而也有了接待来访者的情趣。

　　90年代初期，我觉得身体尚可，就按常人的作息时间，每天上午在秘书的陪同下，到自己的办公室上班。

　　1993年11月9日，书法家苏局仙在西北工作的孙子前来看望我。一见面，他见我年逾九旬还在上班办公，感到十分惊讶。原来，他先到了我的住处，扑空后才寻到办公室来的。在此之前，我曾收到他的一封来信，他要我为郏县三苏纪念馆题字。信是9月11日发出的，我收到后，即按其要求写毕寄出，并附一函："九月十一日来信谨已收悉。郏县三苏纪念馆匾额已遵嘱写就，现同封寄上，收到时乞函告为幸。专复，顺祝安好。苏步青　一九九三年九月十六日。"我这个人长期以来养成了办事快的习惯，凡能做的事，很少拖过第二天。

　　我一见他来访，即想起那题匾的事，便说："给三苏纪念馆写的匾，早已经寄出去，是寄给你还是寄到县里，我记不清，不过至今未见回音。"我这个人，做事是非常认真的，最讨厌别人收到写的条幅或信函不给回音。我的话一出，来访者又感激又内疚，因为他经常外出，还未见到题字，只好一再表示感谢和道歉。过了几天，他打长途，托人将书信带到上海，才看到我写的匾。

随后，我们便闲聊起来。来访者提及祖父苏局仙的诗稿本中有一首写着"致步青宗亲兄"，我马上应答："他是书法家，是给我写过一首诗的。"来访者又把发表在《健康报》、香港《新晚报》上的苏局仙长寿诗诀给我看，我觉得很有意思。苏局仙生活在农村，比较清苦，去世时110岁，如果条件再好一点，还会更长寿。我的老家在平阳山区，可说是穷乡僻壤。我从小爬山，受到了锻炼，所以至今走路很有劲。我家里也很穷，我是吃地瓜干长大的。艰苦和锻炼对长寿有益。苏局仙去世时比我大20岁。这20年可不容易，正像攀登珠穆朗玛峰，爬到快登顶的最后几百米、几十米，难啊！来访者接着说："您老体质、精神这么好，将来一定能超过我祖父，祝您长寿再长寿。"我听了笑着说："我没有想那么多，任其自然吧！"

这种舒心的接待，彼此都有得益，也充实了我的晚年生活。有时我也会碰上某些素质不高的来访者，接待后使我郁郁不乐。有一次，有位年轻记者上门采访，要我谈谈是怎样成为科学家的。我说这是一个大题目，你有没有事先看过有关我的报道。他说没有。我感到很奇怪，报社怎么会把这样一个题目交给这样一位记者呢？他又怎样去完成这么繁重的任务呢？那次采访，没谈多久，就谈不下去了，因为我在数学上的主要工作是研究微分几何学，而他却干瞪眼，问我"微分"两个字怎么写。更使我不快的是，约好上午九时接待，结果到九时三刻才见到记者。我这个人，时间观念特别强，非常守时。要知道，记者对被采访者守时，也是一种尊重。而有的记者在这方面很不注意，且常找客观原因，如堵车，因临时有急事，谁知是真是假？要养成守时的习惯。对于那些事先没约好临时撞上门来的记者，我都不予接待，这同样是不尊重被采访者的表现。

到了90年代中期，身体已不允许我再每天步行上班，我只好住进华东医院治疗休养。这段时间，来访者已大大减少，而且因我精力不支，能不接待的都由秘书婉言谢绝。然而家乡来的人却不能不见。一天，平阳县教委主任张文和平阳一中的校长王振中到医院来看望我。一听到这消息，我便从床上起来，欢迎来访者。他们带来了家乡的新闻，我的学生、美国宾夕法尼亚大学数学教授杨忠道先生在平阳一中设立"苏步青教授数

业余爱好——书法（1995年　上海）

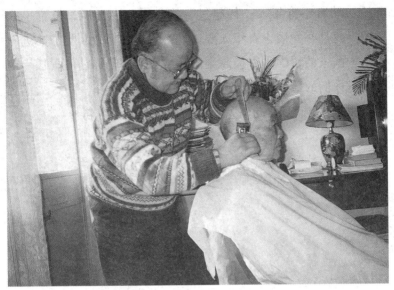

儿子苏德明为父亲理发(1998年1月　华东医院)

学奖金"。每当家乡来人，我就有讲闽南话的机会，"乡音无改鬓毛衰"，家乡的一草一木又勾起我无限的怀念之情。"一别名山四十春，有时归思寄南云。""秋来处处堪留念，朱橘黄柑又几村。"雁山鳌水的温馨融入爽朗的笑声中。

　　来访者突然提出："和您照个相，行吗？"我脱口而出"行啊！"，于是他们要我坐在当中，大家都站着。我执意不肯，便拉住张文的手说，大家都站着吧！我最矮，你们都比我高，还是平阳的营养好。这句话把大家都逗乐了。王振中校长更不舍得放弃这来之不易的机会，要我为平阳一中题几个字。其时，我的手有些抖，恐怕写不好，答应他手稳的时候再写。他们仍不罢休，又提出能否为家乡的青少年讲几句话，这可是我平时常想的内容，于是他们的录音机留下了我的一段话："希望青年人一代超过一代。时代在发展，教育事业科技事业都在发展，青年人要比老一代更加努力，更加前进一步，把国家的科学水平提高到国际水平。这是你们的责任，也是我对你们的最大希望。"没过多久，我给平阳一中寄去了题词——成才在于勤奋与坚持，为这次接待画上了句号。

参政议政，服务人民

　　自从新中国成立初期第一次赴京参加全国自然科学联合会之后，我于1954年12月当选为第二届全国政治协商会议委员，开始参政议政。其后又历任第二、三、五、六、七届全国人大代表，第五、六届全国人大常委，民盟中央副主席，民盟中央参议委员会主任。1988年4月，相隔28年之后，我重返政协，当选为第七届全国政协副主席。10日上午，我刚当选后就有新华社记者来采访。我心情很激动，有许多话要说，但一时不知从何说起，就只表了个态："多做工作，尽绵薄之力，为人民服务。"

　　细心的记者发现，在公布的第七届人大代表和第七届政协委员的名单里，都有苏步青的名字。我年纪大了，精力不如以前，自己觉得当政协委员就行了，但在上海的差额选举中，我还是被选上了人大代表。有几次，既要参加人大上海代表团的会议，又要参加政协民盟组的活动，显得特别忙。但是当上了代表、委员，就应当尽责，所以累一点也不在乎。

　　我每次参加会议，几乎都要发言，重点讲教育存在的问题，再就讲科技工作。干了几十年，总想把自己的看法跟大家交流，做好参政议政的工作。由于自己长期住在上海，要参加会议，就得上北京。据秘书统计，从1978年我当上全国人大常委之后，专程赴北京开会就达120多次。好在那时身体尚健，旅途和食宿均不感到有什么问题。随着年龄的增长，慢慢地有时也发生一些突发的疾病，但均能平安过关。

1993年7月23日，我又要到北京参加教育专题会议，这时我已91岁了。为了对付市内堵车，我们8时40分就从复旦大学出发。专车穿街走巷，避开堵车地段，于10时半抵达虹桥机场。可是在候机室里，我们等了很久，时间已超过了起航时间1个多小时，还没有登机室的信息。我流露出了不耐烦的情绪，叫秘书去打听。过了不久，有人告知北京来沪的飞机将晚点到达。一听飞机还是会来的，我也就放松多了。

终于登上了飞机。我在机舱里看当天的《人民日报》，但是受误机的影响，心情显得有些烦躁。看到飞机平稳地冲向蓝天，我才向窗外眺望。阳光从右边照进机舱，舱内与往常相比没有异样。

过了10分钟，我再抬头往窗外望时，突然发现阳光是从左边窗口进来的。我马上对秘书小王说："你看到没有，飞机起飞后，阳光是从右方射进机舱的，现在怎么从左方照进来呢？"小王也因飞机未能按时起飞而烦恼，上了飞机便不假思索，劝我赶快闭目养神，对我提出的问题未加重视。

"旅客们，请放好身边的小桌子，我们准备供应午餐。"广播里传来了热情而温柔的声音，这是我们早已盼望的信息。可是，现实又是无情的。没过几分钟，还是那温柔的声音："旅客们，我们很抱歉地告诉大家，飞机因机械故障需要返回虹桥机场，请大家协助把小桌子放回原位。"机舱内的旅客没有多大反响。飞机开始下降。播音员请旅客系好安全带，准备着陆。我想，在我看出阳光从左边照进时，就预感到飞机已经往回飞了，但究竟是什么原因，我无法判断，所以也不固执己见，没想到那么快就见了分晓。我对小王说，几十年走南闯北，包括飞赴欧洲的许多国家，以及日本、泰国，这还是第一次遇到起飞又返航的突发事件。

本该是降落首都机场的时间，可飞机却安全地返回虹桥机场。我们向窗外望去，只见四面八方驶来数十辆救护车、消防车、工程抢险车，两架登机舷梯迅速靠拢过来。起初我显得若无其事，可是看到这一切，不禁露出一丝不安的神情，问题竟会如此严重吗？

九十一岁寿诞（1992年　复旦大学）

随着旅客人流，我们乘坐客车返回候机室。在东方航空公司客运经理的帮助下，我们被安排到赴京的另一航班上，并与北京全国政协的同志取得联系。机组的同志来看望我，对耽误乘机一事表示抱歉。我却认为，机上那么多旅客，其中不少是外国朋友、台湾同胞，安全最要紧。飞机返航误了一些时间，但确保了大家安全，机组同志的决定是对的。到了下午3时半，东航派人送来两碗热气腾腾的肉丝面，我们正想填一下饥饿的肚肠，可是到了登机的时间。望着诱人的热面，我们再次感谢东航的款待，带上少许饼干，离开了候机室。

经过1小时30分的飞行，我们终于抵达首都机场。接客的同志在机场已忐忑不安地整整等了4个小时。见到我们步出机舱，他们悬着的心这才放下来。因为就在两个小时前，银川至北京的2119航班发生了坠机事件。

尽管遇到这么一次波折，但并没有影响我乘飞机赴京参加会议，毕竟航空管理部门已加强安全防范，事故大大减少，而乘飞机便捷、省时的优点还是很明显的。至今想起来，每次赴京参加全国人大、全国政协、中国科学院院士会议，都是我引以为豪的，也是终生难忘的。

新中国成立以来，在党的关怀下，我逐步树立起为人民服务的思想。1959年3月加入中国共产党以后，我努力学习马列主义、毛泽东思想，改造世界观，艰苦奋斗，决心为国家的教育、科学事业做出贡献。退居二线之后，我仍牢记周恩来总理"活到老，学到老，工作到老，改造到老"的教导，做自己力所能及的工作。

"文化大革命"中，我被隔离审查，下放工厂、农村劳动，但我认定那样做是不正确的，不是我们党的正确路线，强加在我身上的不实之词和莫须有的罪名终究会去掉。粉碎"四人帮"之后，党组织恢复了我的组织生活，并委以重任。我挥笔写下诗句，表达了我对党的信念和忠诚：

岂为高明遭鬼瞰，毋因包袱碍装轻。

此身到老属于党，二次长征新起程。

作为一个共产党员专家，我觉得应该毫无保留地为社会主义建设事业多做贡献。科学技术是第一生产力，21世纪将是高科技发展的世纪。高新科技产业必然孕育着生产力的新的突破，我们应该清醒地看到这场新科技革命所带来的严峻竞争，看到社会主义经济建设的极端重要性，从而全心全意地为经济建设服务。70多岁时，我到江南造船厂进行船体数学放样，取得国家级嘉奖，还在计算几何方面取得一系列实际应用成果；80多岁时，觉得还有余力，又去为中学数学教育服务，为中学教师举办了3期讲习班；90多岁时，我仍关心学校的教学、科研和学生的进步，觉得这都是自己的义务。

作为一个共产党员专家，我觉得要处理好党员和专家身份的关系。多年来的实践教育我，党员专家首先是党员，然后才是专家。如果把自己的知识当资本，向党讨价还价，甚至于把自己凌驾于党组织之上，那就颠倒了关系，其结果必然为人民所唾弃，一事无成。30多年来，我在党支部里，始终以一位普通党员的身份，坚持参加党的组织生活。每到星期四，我总

与少数民族朋友在一起（1995年　北京）

要主动向党支部打听星期五组织生活的内容，以便提早安排工作，准时参加。凡是因病或到外地开会不能参加，我都向党支部请假。有一次我上午到市区开会，回来时很晚了，但想到下午有组织生活，没有休息就赶来参加。每当发工资的日子，我拿到工资后，第一件事就是交党费。要是到外地出差，我就按时将党费用纸包好，单独存放，回校后及时将党费补交上。

作为一个党员专家，我觉得应该时时检点自己，接受党员群众的监督，不搞特殊化。1988年4月，我当选为全国政协副主席。在有些人看来，这是一个大官，可以享受好多待遇。但是，早先几年，我的关系仍在复旦大学，享受的待遇和以前一样。后来关系转到市政府机关事务管理局，情况有些变化。有一次我到成都出差，当地按规定，要给我挂火车专厢，我很不习惯。我想要是这样我就不乘火车了。有关部门的同志见我很坚决，就按我的要求，买了软卧票。组织上很关心我，总问我要不要到名胜旅游点休假、游览。我不想去，心想国家的经济还没搞上去，我们仍要发扬艰苦朴素的传统，与人民群众同甘共苦。直到88岁时，我才上了一次黄山，时间仅一周。

　　　　五十知非识所之，今将九十欲何为。

　　　　丹心未泯创新愿，白发犹残求是辉。

　　　　偶爱名山轻远展，漫随群彦拂征衣。

　　　　战天斗地万民在，不信沧浪有钓矶。

1991年9月初，我回顾90个春秋的经历，写下这首感赋。50岁那年，我逐步树立起为人民服务的思想，今天的状况如何呢？创新的愿望并未泯灭，求是的精神仍在激励我做出贡献。偶尔也去攀登一次黄山，跟随着年轻人踏上征途。在当年万民与洪涝旱灾搏斗的时候，我不相信会有人稳坐钓鱼台。

怀念故乡

　　我的故乡是浙江最南边平阳县的山区，尽管它是穷乡僻壤，从来没有听说出过什么大人物，但是我却非常怀念它，无论走到哪里都想着它。我是在那里长大的，在那里放过牛，种过田。我的大部分的同辈人是农民，如今他们去世了，可他们却一直活在我的脑子里。

　　1980年，在我离开家乡61个年头时，家乡那里成立了一个"腾蛟区文化站"，下设业余文艺创作组，一班青年业余文艺工作者出了一本杂志。从这件事可看出家乡已经起了很大的变化，使我感慨万千。我寄去一张近照，并题诗于背面。诗曰："梦里家山几十春，寄将瘦影问乡亲。何时共赏卧牛月，袖拂东西南北尘。"这里的卧牛指的是家乡的那个小山岗。我到过不少国家，衣衫上确实沾了很多"征尘"，总想有朝一日能够回家乡把它刷干净，但那时看来难以做到，我们正行进在建设社会主义四个现代化的征途上。

　　1987年9月13日凌晨，85岁的我有机会乘上海至温州的"繁新"轮，做一次故里行。"永夜涛声摇远梦，半窗月色报清秋……"我一点也没有睡意，无穷的乡思使我援笔而歌吟。

　　自从1919年负笈离温求学，我曾于1961年回温州一次，这次是阔别26载重回故乡，心情显得异常激动。临出行时，上海市的领导特别嘱咐我少喝酒，少讲话，少会客，可我怎么能做到呢？"老头子本来是个山头人，现在仍是个山头人。"一句平阳方言，引起迎候陪同者大笑。

　　故乡的变化，使我惊喜、欣慰。在抵温的当晚，我坐车巡游鹿城观赏夜景，百里繁华的小商品市场，街市上穿着入时的姑娘少妇，使我大为感慨："看来我又变成山头人了！下次来温州，可要穿得好些……"9月15日我应邀到温州大学给师生们讲话，我一再强调，人才是四化的基础，教育是基础的基础。温州大学是我积极倡议创办的，主要是培养温州急需的人才。

苏步青在母校与师生恳谈（1987年9月　平阳县）

与浙江平阳家乡教育工作者合影。左起：王德平校长、苏步青、张文主任、姜汉椿教授（1995年　上海）

18日下午，当我来到腾蛟镇带溪村时，脚步顿时变得那么急迫。我和随行同志来到屋后绿竹掩映下的一口古井前，我告诉大家，我就是喝这口井里的水长大的。我对腾蛟镇的干部说：老乡们发财了，千万不要把钱花在拜菩萨、办丧事上，要鼓励、引导大家出钱办教育，教育才是"真菩萨"。就在这天上午，我到母校平阳县中心小学探望师生。我深情地告诉同学们："只因有共产党，才有我的今天；只因有共产党，才有你们的今天。"勉励同学们艰苦朴素不能忘，勤奋学习不能忘，做"四有"新人。在温州期间，我看望了母校，视察了温州师范学院、平阳一中，与温大学生座谈，我对教育事业、对大中小学校情有独钟，这也充实了我的故乡之行。

此后，我对家乡教育的关心更进了一步。1989年家乡带溪小学办了一个《小溪》校刊，我得知后，立即挥笔为它题词，词曰："小溪流水日潺潺，万代千秋无限春。不断跟踪勤学习，他年四化作人才。"此后，我还为平阳一中题写校训"尊师、重道、敬业、乐群"八个大字，为平阳二中题写"务实、奋进"四个字。鳌江中学40周年校庆，我送他们四个大字："桃李芬芳。"母校县中心小学建造雕塑，我题了"凌云"二字。水头镇第一小学要我题写校训，我也满足他们的要求："认真学习，奋发向上。"现在年纪实在大了，要再做其他更多的事已不可能，但我的心仍记挂着家乡的教育、家乡的师生、家乡的山水。1992年9月，我在阅读浙江《联谊报》时，看到一幅摄影作品——《瓯江泊舟》，回想起我家乡当年的情景，不胜依依，遂命笔草成一首七绝：

> 一幅丹青惹我思，江心烟雨认依稀。
>
> 多年未睡圆篷底，却梦潮香凤尾时。

我的第二故乡是杭州，它是我离开平阳，出国留学12年之后即1931年回来立脚的第一站，直到1952年全国院系调整时，我才离开这个毕生难忘的地方。我在浙江大学连续待了21年，中间八年抗日战争，使我们不得不随校西迁，暂时离开了杭州。在这漫长的岁月里，我和战友也是良师、全国著名的数学家陈建功教授，一起教书，一起搞科研，创立了数学讨论班，培养出一大批教学和科研人才。杭州是我无时无刻不在怀念的地方。更何况那里有举世闻名的西湖，有以怒潮著名的钱塘江。我游遍杭州周围的山山水水，一草一木都让我感到那么可爱。我热爱杭州，更热爱自己多年工作过的高等学府——浙江大学。那里学风艰苦朴素，那里学生聪明勤劳，那里教师诚恳踏实，这些都是培养接班人必不可缺的因素。前些年，我每年都要到杭州走走，现在年龄不饶人，走得少了。浙大建校100周年，因身体原因我没能前往参加盛典，只作对联一副赠之：

学府经百年树校风钟灵毓秀，
伟业传千载展宏图桃李芬芳。

杭州还是我的《苏步青文选》出版地，浙江科技出版社为此投注了许多精力和财力，举办隆重的新闻发布会，也给我留下深刻的记忆。

出席浙江大学95周年校庆，在机场受到校长路甬祥热烈欢迎。右一：路甬祥。前中：苏步青（1992年3月 杭州）

以诗交友

　　我从事数学的教学和研究，学生上千，科技、教育界朋友更多。同他们往来，大多与数学有关，除此之外，因本人爱好旧体诗词，在写作和发表过程中，竟也结识了不少各方面的朋友，可谓以诗交朋友，其乐也融融。

　　记得1981年4月间，我忽然收到青年工人张官诚同志来函，并同时寄来1961年我发表在《解放日报》上的8首律诗的剪报，使我感激不已。早在青年时代，我就有写作诗词的爱好。60岁时发表的诗作《雁荡山行杂咏》《游灵岩寺·中折瀑作》《大龙湫》《将别雁山作》等8首，称得上是我最喜欢的诗作。"文革"中这些诗作被打砸抢者抄去，久久未还。粉碎"四人帮"之后，我曾从原载的《解放日报》上重新抄录了下来，编入我的《原上草集》诗选，并作了七言绝句一首，以代序文，这首绝句是：

　　　　春来原上又离离，晴翠远芳无断时。

　　　　野火年年烧不尽，经锄或可化肥泥。

　　当我读完小张的来函后，我深深地为他对自己诗作的精心收集和研究感到兴奋。这些诗作离发表的时间有10多年之久，他将自己喜爱的剪报寄赠予我，是多么不易啊！我立即回函致谢，信中写道："收到4月9日来信，内附有你为我保存19年之久的8首律诗剪贴，使我重睹了原版。阅读之下，我感激不已。正如你信中所说的那样，这些原稿被'四人帮'打砸抢者抄去，至今未还。4年前，我曾从原载的《解放日报》上重新抄录了下来，收入我的《原上草集》，并作了七言绝句一首，以代序文。为了对你的盛情表示一点谢意，除了将来件原封奉还外，特地把这首绝句书成条幅附后寄上，请哂纳为荷。"

信中还写道："我自幼爱读诗词，老来辄事吟咏，即'拙爱诗吟偏有味'（4月9日《文学报》刊出小诗《春日感赋》中的一句），纯系业余，从未考虑过出什么'诗集'，辱蒙过奖，顺以奉闻。承改'苍苍'为'葱葱'，我完全同意。另外《温州两首》后一首第二联'春潮早'应作'春讯早'，请参考。"小张收到我写的条幅后，来信表示感谢，并说把条幅装进镜框，挂在了墙上。

小张也挥笔写了《恭和苏老〈原上草集代序〉》诗：

　　天涯芳草色青青，岁岁烧荒岁岁新。
　　春日东风春日雨，更须肥土护寸心。

后来，他又写下了志贺七律诗寄给我，我看了后，觉得很好，建议将诗中"长江小白竞媚妍"的"媚妍"改为"喧妍"。我还勉励他继续努力，写出更好的作品。

写诗是我的业余爱好，写多了，流传就广了，不仅国内有交流，有的还传到了国外。1979年，我随大学校长代表团访问联邦德国杜赛尔多夫城，在阿康饭店下榻。店主热情接待我们，临别时要求我们题诗留念。我们一行都是理工科出身的学者，你看看我，我看看你，谁都希望有一位校长站出来解围。此时，我灵感一来，就说试试看吧，当众挥毫写下七绝一首：

西来处处挹繁华，杜市阿康是我家。

中德人民长友好，不愁前路有风沙。

没想到此诗经翻译一解说，店主高兴得跳起来，连说太好了，太好了。这时校长们也都如释重负。大家称赞我诗写得好，我说这只是匆忙之作，权作以诗交友吧。看到它能增进两国人民的友谊，我也很高兴。

1988年，法国著名数学家、科学院院士里翁斯诞辰60周年。这位数学家系复旦大学名誉教授，与复旦大学数学研究所有着密切的交往，给予过我们很大帮助，也给我留下深刻的印象，为此我曾赋诗一首：

巴黎五月正清和，花甲重周喜气多。

巨著宏篇凌宇宙，丰功伟绩壮山河。

邦联中法千秋固，谊结科筹一代豪。

把酒临风遥庆祝，愿公寿比南山高。

诗写成条幅，漂洋过海，送到里翁斯院士手中。经人翻译解释，他了解其意，欢喜不已。不久我便收到他十分热情、充满感激的回函。至今我们之间还保持着密切的往来，学术交流也日益加深，可谓"相知无远近，万里尚为邻"。

以诗交友，有着广阔的天地，走到哪里，朋友就交到哪里。1981年9月下旬，我主编的《数学年刊》第三次编委会在福建省厦门市召开。我们一行人前往开会，经由泉州、福州返沪。27日我们应华侨大学之邀，驱车前往闻名的侨乡——泉州，参观了华侨大学美丽的校园和正在施工中的陈嘉庚先生纪念堂，那里呈现一派生机勃勃的景象。我们还游览了泉州古刹胜迹，为祖国悠久的文化历史而感到自豪。在该校逗留期间，我亦以自己的亲身经历，为师生们做了一次近两小时的报告。华侨大学的老师和校长知道我常写诗，索句不断，于是我便将做客感想化为诗作：

> 欲作闽疆三日游，坦途轻毂入泉州。
>
> 开元寺畔东西塔，洛水桥边南北洲。
>
> 已过荔枝蒸炎夏，犹残龙眼早凉秋。
>
> 老夫爱作婆心语，好客黉门信宿留。

此诗写成条幅，赠送热情接待我们的华侨大学和她的校长、老师。时间已过去10余年，在通信中他们总要提起我这首诗及留下的情谊。

在自然博物馆当众挥毫。书写者为苏步青（1988年　北京）

语文和数学

　　我从事数学教学和研究已有70年，若对学习数学发表一点意见，一般不会有人见怪。这里我却把语文扯进来，不免有班门弄斧之嫌。不过我认为，语文和数学虽然是两门不同的课程，但它们之间有关系。青少年朋友如能充分认识它们之间的关系，无论对目前的学习，还是对今后的成才都会有促进作用。

　　在我当复旦大学校长时，学校从有些省市招收了一批数学拔尖的学生，准备作为重点对象培养。可是进校没几个月，这些同学就慢慢落后了。什么原因呢？经过一番了解后发现，这些学生平时爱好数学，中学时数学单科突进，但对语文学习很不重视，阅读和表达能力差。一年后，这批学生中有的数学课程竟然要补考。针对这种情况，我在一次讲话时说了这么一段话："欲考复旦大学数学系的学生，若语文不及格，即使他数学再好，也不能录取。"有些青少年朋友对这话感到不可思议，但事实给我们的教训是深刻的。为了对青年人和国家负责，我觉得有必要就这方面的问题，谈一些自己的看法。

平时，我常收到青年朋友来信来稿，他们热切希望我帮他们审阅稿件。在阅读过程中，我发现不少问题。譬如有位青年寄来10道初等数学题解答。我看了以后，估计有一半习题因为他没看懂题意而做错了。有个青年寄来的数学解答，计算结果是对的，但在最后写答案时，由于他文字表达不妥，反而将正确的题解给弄错了。在阅读大学生的论文时，我也感到很多遗憾。有的同学论文做得相当出色，但论文前面那段二三百字的内容提要却写得很差。现实中存在这些现象的原因，我认为很大一部分可以从轻视语文学习中找到答案。

　　为什么要重视语文学习呢？因为语文是一种学习工具，是基础的东西，就像工人盖房子需要打地基一样。数学是学习自然科学的基础，而语文则是这个基础的基础。作为一个有文化素养的青年，学会正确运用祖国的语言，应该是起码的要求吧！语文水平低，讲义看不懂，怎么学好数学呢？你要解数学题，连题目要求什么都不懂，解题非错不可。相反，语文水平提高了，阅读能力增强了，不仅有助于学习数学，还有助于学好其他科学知识。为什么这样说呢？因为语文也是一门科学，它和数学一样，重视逻辑推理；它和其他科学一样，需要通过语言来表达。

　　我想从语文和数学的关系引申开来，谈谈理工科学生要有文史知识的问题。中专、大专、本科学生，是祖国的未来，建设社会主义四个现代化的重任，将由他们来承担，要求他们了解和学习我国古代文史知识，尤有必要。我发现，理工科学生中有一部分人，对学习祖国古代文学和历史知识的重要性缺乏正确认识。有的说，我将来要当科学家，又不从事行政工作，读文史有何用？有的说，文史知识在中学已学过，现在学

与比利时根特大学校长A.Cottenie签订校际交流协议。前排左起：苏步青、A.Cottenie。后排左一：李大潜（1982年6月　比利时根特）

专业都来不及，哪有时间读古代文史？一些理科学生不了解祖国的历史，试想，连养育自己的祖国都不甚了解，又怎能为祖国而奋发学习，攀登科学高峰呢？

　　理工科学生读一点文史知识，可以帮助他们学习和继承中华民族的优良传统，激发为祖国而奋斗的热情。通过读史，可以清楚地看到帝国主义和中国的封建主义相互勾结，把中国变为半殖民地半封建社会的过程，这个过程也就是中国人民反抗帝国主义及其走狗的过程。林则徐率领兵民搞禁烟，洪秀全奋起扫荡人间不平，邓世昌身先士卒抗击日本侵略者，义和团勇敢反帝爱国，孙中山领导辛亥革命推翻皇帝，都表现了中华人民的顽强反抗精神。

爱国主义是我学习进步的强大动力。在中学读书时，我听老师谈起中华民族备受列强凌辱的历史，心里就产生了为中华民族争气的愿望。在日本留学时，我为祖国争得了荣誉。1931年，我获得了理学博士学位，并在日本东北帝国大学数学系当讲师，他们还准备聘我到某大学当副教授。可是我想，我是祖国人民送出去学习的，学成后就应该回国培养人才。在爱国主义思想的影响下，我选择了回国的光明道路。

　　读一点古代史，对理工科学生有效地阅读古代科学著作，以备将来从事科学技术研究，也是大有益处的。我国古代科学家很早以前就有了"四大发明"，还留给我们像《梦溪笔谈》《天工开物》《本草纲目》《徐霞客游记》等十分珍贵的科学著作。读一点科学技术史，对我们今后选择研究课题，掌握研究方法，都有很好的借鉴作用。

　　掌握文史知识，还有利于理工科学生运用祖国的语言文字，撰写自己的研究成果。老一代科学家，如钱学森、茅以升、竺可桢以及年轻一点的王梓坤等，他们不仅有高深的学术造诣，而且有广博的文史知识，能写一手好文章，得到读者的高度赞赏。未来的科学家，切莫把当科学家与学习文史知识对立起来，要努力使自己的知识面再广博些，这样你才可能成为一位名副其实的科学家。

攀高贵在少年时

　　我常收到一些青少年来信，谈及自己学习中遇到的种种问题。可以看出，这些同学都有一股强烈的求知欲，也想使自己成绩出众，然而成绩却总是提不上去。他们不服气，因为论努力的程度，他们认为自己并不亚于成绩好的同学。那么问题究竟出在哪里呢？当然，造成学习成绩不佳的原因是多方面的，但从来信中谈到的情况看，不讲究学习方法，不重视打好基础，恐怕是学习成绩差的原因之一。

　　常言道，过河要有桥，学习不能不注意学习方法。一般说来，学习成绩好的同学，大多都能联系自己的实际情况，讲出几种行之有效的学习方法。譬如解题时注意审题，防止粗枝大叶，演算要多采用几种方法，得出结果之后应该验算，等等。同学们可以学习别人的好方法，也可以自己在学习中开动脑筋，不断摸索新方法。我总觉得，在研究学习方法时，一定不要忘记打好基础和改进学习方法之间的关系。

　　"我看到题目，自己想不出解题的方法，当别人稍加提示，就能做出来。"有的同学来信询问，这究竟是什么原因？

依我看，这主要是因为基础知识掌握得不扎实，对概念、定义和定理没有真正弄懂。我们为什么要演算习题呢？第一，是为了加深对书本中的基本概念、定义和定理的理解，这是主要的。第二，也是为了训练我们的运算技巧和逻辑思维，这虽是次要的，但却是必不可少的。

做习题，对于加深理解和提高运算技巧、加强逻辑思维都是有利的。但必须指出，光靠演算习题而忽视学深学透教科书中的基本概念、定义、定理（包括证明），肯定是学不好数学的。所以，我们在解题时，首先要看清楚这道题包含了哪些基础知识，会用到哪几个公式或定理，然后从某个公式或定理下手，一步步将题解出来。有的同学需要别人提示才能做出来，自己开始不知从何下手，说明他对需要运用的公式或定理没有真正弄懂，在使用中要么无从下手，要么下手而把题目解错了。由此可见，在学习中我们必须反对不懂装懂的不良学风，懂就懂，不懂就不懂，绝不能用"不太懂"这类含糊其辞的话来对待学习。

"我做习题，单个的公式或定理的运用还可以，一遇到综合性的题目，就怎么也想不出解题的办法。"这毛病又出在哪里呢？我认为，这些同学对公式或定理虽然懂了，但大多是靠死记硬背掌握的，对这些公式或定理之间的内在联系缺乏了解，更没有达到融会贯通的程度。公式和定理怎么可以靠死记硬背来掌握呢？要学好数学，这个"学好"，我的理解是要把算术、代数、几何、三角这几门基础学科的内容，即教科书内容包括其中所有习题学得深透，演得烂熟，真正达到没有一个定理不会证、没有一个习题不会做的程度。这样，遇到了综合题，就能把几个单一的公式或定理融会贯通起来思考，再加上熟能生巧，综合题就不难解出来了。

当然，要达到这样的程度，并不是轻而易举的事。譬如有的平面几何题目，在解题中需要画一条辅助线，这条线画在什么地方大有讲究，这确实有一定的难度。画准了，一下子就能将题解出来；画不准，就可能解不出，即使解出来，也可能是错误的答案。那么，怎么才能一画即准呢？这就要靠平时的锻炼。按类型练习，演算多了，积累的经验也就丰富了。从另一个方面来说，演算习题还要经受失败的考验。有的同学一发现解不出来，就不肯多动脑筋，总希望别人给予指点，这样自己就缺乏独立解题的能力，稍微难点的题目就望而生畏，缩手缩脚，这也是不利于提高解题能力的。所以，从某种意义上说，自己解出的题目，尽管时间花得多一点，但对公式和定理的理解和运用，印象深刻得多。

"我的脑子笨，也许不是学数学的料子。"有的同学在解题中多次碰到困难后，产生了悲观情绪和无所作为的思想。有的同学则显得非常急躁，到处求教，希望能得到一套现成的学习方法，使他在几天之内聪明起来，学习成绩一下子提上去。这种想法是不现实的。学习这东西，有其规律性，必须由浅入深，由易至难，由低到高，循序渐进。别人的学习方法是别人根据自己的情况总结出来的，对他适用，另外的人不能生搬硬套。

目前学习成绩差的同学不要悲观，不要性急，须知，欲速则不达。正确的态度是，向别人学习好方法，为我所用；更重要的是，要下定决心，从打基础抓起，一点一滴，扎扎实实，把所学的公式、定理及其证明真正搞懂、弄熟。这样也许时间花得多一点，效果也许产生得慢一点，但学习成绩的提高也许会明显一点。

　　"为学应须毕生力，攀高贵在少年时。"1980年国庆节前夕，嘉兴有一位学生要我回答他提出的问题，我写了回信。我希望青少年朋友都能在治学上取得优异的成绩。我把以上两句话赠送给所有的青少年朋友！

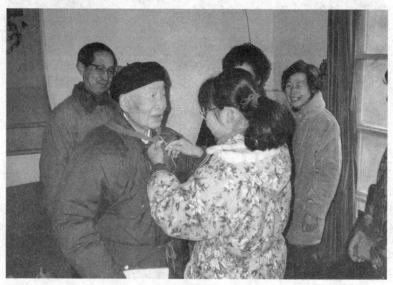

给苏步青爷爷系上红领巾(1995年　上海)

威震寰区誓禁烟，筹防抗敌史无前。

翻遭昏政贬千里，竟使明珠失百年。

忍耻蒙羞今洗雪，还珠返璧更辉妍。

行看香港施新法，两制煌煌焕史篇。

在全国人民、海外侨胞企盼香港回归的日子里，我按捺不住内心的激动，挥笔写下这首诗，欢呼香港回归祖国。用旧体诗这特有的形式，表达炎黄子孙爱国之情，显得更为妥帖，更富有表现力。

我爱好旧体诗起于童年。假日放牛，骑在牛背上，我曾一首首地背诵《千家诗》。至于《唐诗三百首》，更是我酷爱的读物。我钦佩古代优秀诗人高超的写作技艺，常为"诗中有画"的意境所折服。王维的"大漠孤烟直，长河落日圆"，对仗多么工整。温庭筠的"鸡声茅店月，人迹板桥霜"，这两句中，只用名词，没有动词，写得何等漂亮！每当我读到好诗佳句时，我就觉得其味醇美甘甜，赛过绍兴陈酒。我爱上旧体诗，大概也是读得多的缘故吧！

　　然而，旧体诗并不是想写就可以写出来的，喜欢作诗并不等于就能作好诗。首先写诗要有内容，主题需想清楚，这也叫"心灵美"。同时，还要有好的句子，这叫"外表美"。两者结合得好，才能写出好的诗。具体说来，旧体诗七绝后边两句最要紧，可称为诗的"主干"。一棵大树没有主干立不起来，一首诗没有主干就会味同嚼蜡。我在写《灵隐寺前戏作》时，就先想得后两句："劝君休坐山门等，不再飞来第二峰。"然后，再回过头去想前两句："古木参天宝殿雄，万方游客浴香风。"诗歌写出后，我常常放它十几天，再对诗句以及字、词进行反复推敲，使它更为严谨，更能表达其内在的含义。

　　常言道："诗言志。"我写作旧体诗，并非光凭兴趣，诗作常常寄托着我的真实情感。

　　新中国成立以前，我的诗作在报上只发表过两三次。有件事至今难忘。那是1948年去秦淮时，我目睹国民政府腐败，作了一首七律《秦淮河》，其中有这样两句："无情商女今安在？半面徐妃可奈何？"前一句借用杜牧《泊秦淮》中的两句："商女不知亡国恨，隔江犹唱后庭花。"后一句借用了李商隐咏史诗《南朝》中的两句："休夸此地分天下，只得徐妃半面妆。"杜牧和李商隐的这两首诗，前者揭露陈后主政治腐败，后者谴责梁元帝荒淫昏聩。当时报纸的检查官未能看出其中借古讽今的意思，因此让它登出来了。新中国成立以后，我就用诗来歌颂祖国的河山，鞭挞"四人帮"的暴行，歌颂祖国改革开放取得的成就。

有人问我："您是研究数学的，偏重逻辑思维，而诗歌偏重于形象思维，写诗和数学研究有何相通之处呢？"我是这么想的，数学是数学，诗歌是诗歌，二者截然不同，但它们有共性，这就是数学和诗歌都十分重视想象。有人说，数学是无声的音乐，无色的图画，对于诗岂不也可以这样说吗？

我爱诗更直接的原因还在于自己搞数学，整天和数学公式打交道，大脑容易疲劳，生活也比较枯燥，因此，通过文史学习，包括对诗词的阅读来调节精神。这对于本行的钻研也不无好处。记得有这样一个故事：有个围棋名手同对方下棋，酣战中对该下哪一子犹豫不决，此时，他往窗外看了一看，天边正好飞来了一行雁。他恍然大悟，下了极其精彩的一子。我整天同数学公式、定理打交道，为使头脑不僵化，读写旧体诗可以说是起到"窗外看雁阵"的作用。

此外，我认为数学是讲究逻辑推理的，诗歌也不能没有逻辑性。别的不说，押韵和平仄，就很有规律。不讲究格律，就会失去诗的韵味。当然，读诗、写诗仅仅是我的业余爱好，并不妨碍科学研究。

香港回归后，澳门即将回归，我又想到了宝岛台湾。1945年我曾去台北大学，即今天的台湾大学，那里人操闽南话。明万历年间，我始祖由同安逃荒到浙江平阳定居，至今我族人亦操闽南话。1981年9月我有机会到厦门前沿高台瞭望大小金门岛，感慨万千，现将当时诗作录后，作为一位95岁老人的期盼：

（一）

远祖逃荒后裔回，乡音不改鬓毛衰。

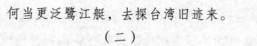

何当更泛鹭江艇，去探台湾旧迹来。
（二）
鹭岛南来秋正浓，危台东望思无穷。
为何衣带眼前水，如隔蓬山一万重。

从中央人民广播电台获悉，我的著作《计算几何》被授予全国优秀科技图书奖，真使我高兴了好几天。在担任复旦大学校长兼上海市人大常委会副主任等多项职务后，许多朋友、中小学生都很关注我的身体健康。他们看到我近几年内出版了《微分几何五讲》等4部书，还对《仿射微分几何》专著进行中译英的工作，常说我不像80岁的老人。认真想来自己能有这般体能和旺盛的精力，还应归功于经常锻炼身体。

我出生在浙江平阳的一个山村，小时候干农活，割草、放牛、锄地、插秧都能行。我们家开门见山，所以，爬山对我来说并不是一件困难的事。从17岁开始，我赴日本留学，留学期间得到全面的体育锻炼。踢足球时打中锋，也守过球门。我对网球尤为喜好，曾作为校队的一名网球运动员，参加校际比赛。

锻炼身体要长期不懈。我75岁之前，常用冷水浴锻炼身体。不管春夏秋冬，我都用冷水沐浴。即使在气温-5℃时，我也能泡它5分钟。浴后用毛巾擦干，休息片刻，我就能挥笔写书。"文革"期间，我的身心受到摧残，终于病倒了。但是由于身体底子好，没过多久就基本恢复健康。后来随着年龄的增大，我就不再做太激烈的运动。那时正好有一本《练功十八法》的书出版，我就对照着天天练，还真管用。在家时，就到室外庭院里练功；出差北京，就在宾馆的走廊或后花园练功。一法接一法，越做越熟练，有时几乎入神，连过往行人都觉察不到。

苏步青正在做"练功十八法"（1993年 上海寓所）

据我的经验，除经常锻炼身体之外，还应重视饮食卫生，养成良好的生活习惯，按时起床、休息。在吃的方面，喜欢吃的菜肴要少吃，不喜欢吃的菜肴也要吃一点。这是因为人体需要各种维生素，偏食满足不了身体的需要。而且好吃的东西吃多了，容易损伤肠胃。别以为肉类最有营养，其实蔬菜的营养也很丰富，每天都要吃一点蔬菜。我很喜欢吃芋艿，这是小时候就养成的习惯，家乡的朋友知道了，每次都带芋艿给我。这东西虽好，却不能多吃，否则其他饭菜就吃不下了。

对于一个经常伏案工作的人来说，要特别注意劳逸结合，紧宽有度。为了舒缓紧张的神经，不妨把业余爱好搞得多样化一点。我平时喜欢临摹苏东坡的《赤壁赋》，现在写字也有了自己的风格。在我80岁到90岁这段时期，所写的条幅最多，自我感觉也最好。夜晚工作之余，或是早晨活动之后，总要挥笔写上一两张条幅，写毕细细观赏，此时心情最愉快。多年来的经验告诉我，练书法，写条幅，有助于集中思想，排除各种干扰。悬肘写字，是对身体健康与否的一种检验。手发抖时，我绝不写字，往往静养几天，待恢复健康后再安排书写。

与书法不同的另一种爱好，则是种花养草。这种爱好要追溯到50多年前。那时我住在遵义的湄潭县，一边教学、科研，一边在居家庙前开垦半亩地种地瓜和蔬菜，以此供一家大小食用。记得那时还写过诗：

> 半亩向阳地，全家仰菜根。
>
> 曲渠疏雨水，密栅远鸡豚。
>
> 丰歉谁能卜，辛勤共尔论。
>
> 隐居那可及，担月过黄昏。

新中国成立后，我到复旦大学任职。在研究数学和教学之余，也在自己居住地周围的空地上种上了蔬菜和瓜豆。由于经常松土、浇水、施肥，竟也收获颇丰。60年代还种出了一个28市斤的冬瓜王。

随着经济的日益好转，我逐渐从种蔬菜转移到种花卉。早年我亲手栽种的一棵藤萝，每年三四月份就能把屋顶的三分之二覆盖，呈现出一片绿色。1985年，我还为"萝屋"写了一首诗：

> 廿八年间萝屋成，退居今更觉幽清。
> 春风铺瓦红绒毯，夏雨围墙绿叶城。
> 身健未愁双鬓白，夜寒犹爱一灯明。
> 心随四化二千载，子子畴人过此生。

在我的院中，可以看到盛开的各种花卉，有菊花、桂花、杨桃、夹竹桃、美人蕉。一棵又圆又大的黄杨球，更让我喜爱。有人问我，怎么您种的花开得特别多？其实，种花和做学问一样，其中有不少道理，而认真是最重要的。种花除了松土、浇水之外，施肥是个关键。我经常把家里收集到的鱼肚、鱼鳞等埋在花的根部附近，让其腐烂，成为有机肥料，花有了充足的养料，当然开得好了。有时厦门的老朋友送我各式各样的仙人球，我就动手嫁接仙人球，而且每接必活，这主要靠经验的积累。

　　1997年9月20日，复旦大学和上海市对外文化交流协会，为我执教70周年举行隆重的庆祝会，全国政协主席李瑞环、国家教委党组书记陈至立、主任朱开轩向我赠送祝贺花篮。上海市市长徐匡迪、复旦大学校长杨福家等同志致贺词，共同向我表示祝贺，我的心情万分激动，这也是为我95岁生日举行的祝寿，我衷心地表示感谢！

　　在庆祝会上，同志们讲了许多鼓励的话。我深深地感到，自己之所以有今天，完全是党培养教育的结果。我时时记着党的恩情，记着人民对我的厚爱。几十年来，在复旦大学、浙江大学，我培养出了一批优秀的人才，并取得了一些科研成果，这是最使我宽慰的。我年纪大了，精力不济，但我还要尽自己的余力，关心教育、科技的发展，关心国家的改革和建设。借此书的出版，向所有关心我的青少年朋友、同志们说一声：我深深地感谢你们！

　　我的秘书王增藩同志与我在一起工作18年，这次协助我整理书稿，承担了大量工作。我的一生中还有许多事没能写进书中，只好留待以后增补。

苏步青

1997年10月

苏步青接受采访（1986年　杭州）

出版说明

　　《大科学家讲的小故事》丛书有五册，是在1997年的纯文本基础上添加图片、修改文字而成。纯文本图书上市后，受到读者喜爱，产生很大社会影响，1998年先后获第四届"国家图书奖"和中宣部"五个一工程·一本好书"奖。

　　十年过去，丛书作者苏步青、王淦昌、贾兰坡、郑作新、谈家桢等大科学家先后离开人世。今天重读大师作品，仍然感动。本次出版基本保持原书文字，每种图书增加数十帧照片，使图书更通俗，更具史料价值。

　　让我们在阅读中感受大科学家们热爱祖国，无私奉献的高尚品德。

編者

2009年9月

图书在版编目（CIP）数据

神奇的符号/苏步青著.—长沙：湖南少年儿童出版社，2009.11（2024.9重印）
（大科学家讲的小故事丛书：插图珍藏版）
ISBN 978-7-5358-4931-1

I.神… Ⅱ.苏… Ⅲ.数学-青少年读物　Ⅳ.O1-49

中国版本图书馆 CIP 数据核字（2009）第 210669 号

神奇的符号

责任编辑：冯小竹
装帧设计：多米诺设计·咨询　吴颖辉

出版人：刘星保
出版发行：湖南少年儿童出版社
地址：湖南长沙市晚报大道89号　邮编：410016
电话：0731-82196340（销售部）　82196313（总编室）
传真：0731-82199308（销售部）　82196330（综合管理部）

经销：新华书店
常年法律顾问：湖南崇民律师事务所　柳成柱律师
印制：湖南天闻新华印务有限公司
开本：880mm×1230mm　1/32
印张：6.625
版次：2010年1月第1版　印次：2024年9月第44次印刷
定价：15.00元